Menos 1 lixo
para uma vida mais sustentável

MISTO
Papel proveniente de fontes responsáveis
FSC® C095238

Dados Internacionais de Catalogação na Publicação (CIP)
(Claudia Santos Costa – CRB 8ª/9050)

Cortez, Fe
Menos 1 lixo para uma vida mais sustentável / Fe Cortez, Wagner Andrade. – São Paulo : Editora Senac São Paulo, 2025.

Bibliografia.
ISBN 978-85-396-5730-8 (impresso/2025)
e-ISBN 978-85-396-5731-5 (ePub/2025)
e-ISBN 978-85-396-5732-2 (PDF/2025)

1. Proteção ambiental – Participação do cidadão. 2. Poluição – Impactos ambientais. 3. Meio ambiente – Conservação e proteção. I. Andrade, Wagner. II. Título.

25-2544c

CDD – 363.7
333.7
BISAC NAT011000
HOM022000
BUS072000

Índice para catálogo sistemático:
1. Proteção ambiental : Sustentabilidade 363.7
2. Problemas ambientais : Poluição : Impactos ambientais 363.7
3. Meio ambiente : Conservação e proteção 333.7

Fe Cortez
Wagner Andrade

Menos 1 lixo para uma vida mais sustentável

Editora Senac São Paulo
São Paulo - 2025

EDITORA SENAC SÃO PAULO
Conselho Editorial: Luiz Francisco de A. Salgado
Luiz Carlos Dourado
Darcio Sayad Maia
Lucila Mara Sbrana Sciotti
Luís Américo Tousi Botelho

Gerente/Publisher: Luís Américo Tousi Botelho
Coordenação Editorial: Verônica Marques Pirani
Prospecção: Andreza Fernandes dos Passos de Paula,
Dolores Crisci Manzano, Paloma Marques Santos
Administrativo: Marina P. Alves
Comercial: Aldair Novais Pereira
Comunicação e Eventos: Tania Mayumi Doyama Natal

Edição: Camila Lins
Preparação de Texto: Editora Polis
Coordenação de Revisão de Texto: Marcelo Nardeli
Revisão de Texto: Mariana Jamas
Coordenação de Arte: Antonio Carlos De Angelis
Capa, Projeto Gráfico e Editoração Eletrônica: Manuela Ribeiro
Ilustrações: Estudio Cru
Impressão e Acabamento: Coan Gráfica

Editora Senac São Paulo
Av. Engenheiro Eusébio Stevaux, 823 – Prédio Editora
Jurubatuba – CEP 04696-000 – São Paulo – SP
Tel. (11) 2187-4450
editora@sp.senac.br
https://www.editorasenacsp.com.br

Sumário

Nota do editor

Vivemos um momento decisivo. A crise climática e os impactos socioambientais de um modelo de desenvolvimento predatório exigem ações imediatas, e não só no âmbito global. De que forma nós, como indivíduos, podemos agir para desacelerar o processo de esgotamento do meio ambiente?

Neste livro, Fe Cortez e Wagner Andrade oferecem algumas respostas, apresentando caminhos possíveis para levarmos uma vida ambientalmente mais consciente, respeitando os limites do planeta.

Mais do que denunciar o colapso ambiental e social, os autores propõem uma mudança de perspectiva: compreender que sustentabilidade não é só um conjunto de boas práticas, mas uma nova forma de enxergar o mundo e se relacionar com ele.

Visando inspirar escolhas mais conscientes e fortalecer o protagonismo de cada um na construção de uma realidade mais justa e sustentável, o Senac São Paulo publica esta obra, destinada a todos que acreditam em uma transformação individual e coletiva, fundada em conhecimento, empatia e compromisso com o futuro.

Muito prazer!

Fe Cortez

Tudo começou com um filme.

O ano era 2012. Outubro. Eu, apaixonada por cinema, estava no Festival do Rio, numa maratona de filmes que sempre fazia questão de viver. Na programação, um documentário me chamou atenção: *Trashed: para onde vai o nosso lixo*, apresentado por Jeremy Irons. Fui assistir achando que seria mais um filme interessante. Saí transformada.

O filme escancarava a verdade que ninguém queria ver: lixões a céu aberto, contaminação, doenças, crianças nascendo com malformações, fumaça tóxica, lençóis freáticos destruídos, plástico nos oceanos. E, no meio de tudo isso, a cena que nunca mais me saiu da cabeça: a Ilha de Plástico do Pacífico, que o capitão Charles Moore tinha revelado para o mundo anos antes.

Ali, no escuro daquela sala, me dei conta de que não existe "jogar fora" em um planeta que é um sistema fechado. Saí do filme tomada por raiva: das empresas, dos governos, da humanidade e, também, de mim. Porque, se o lixo do mundo é resultado do consumo, então ele é, sim, meu também.

Mas essa consciência não foi algo repentino. Ela demorou trinta anos para se manifestar, embora um sinal já tivesse surgido quando eu tinha 10 anos. Na época da Eco-92, que ocorreu no Rio de Janeiro em 1992, depois de assistir à programação aberta ao público, durante um passeio no veleiro do meu tio me veio uma ideia: "Quero ser ecologista", anunciei para minha mãe. Ao que ela respondeu, meio desconcertada: "Filha, escolhe outra coisa. Você não gosta de acampar nem de comer miojo". Acho que ela ficou preocupada pensando como eu sobreviveria na floresta.

A vida me levou por outros caminhos. Quis ser agente do FBI, advogada, mas acabei escolhendo a moda, movida por minha paixão pelo belo, pela arte, pela estética e pela liberdade de expressão. Fui produtora, estilista, gerente de compras, trabalhei na maior empresa de moda do país, viajei para Índia, China, Bangladesh, vi de perto o preço humano e ambiental da indústria que alimenta o desejo desenfreado do consumo.

Voltei para o Rio de Janeiro, passei pela Farm, empresa na área de moda, e depois abri minha própria agência de conteúdo e marketing digital, a 220 Conteúdo. Mas, no fundo, algo me incomodava. Estava ficando claro que aquilo não fazia mais sentido para mim. E foi no cinema, assistindo ao *Trashed*, que meu castelo de certezas ruiu.

É nessas horas que geralmente paralisamos. Deparar-se com um problema dessa magnitude nos coloca muitas vezes em uma posição de grão de areia no deserto. Mas como eu vou resolver um problema desse tamanho? A insegurança para agir, a dúvida sobre a efetividade das nossas atitudes, tudo à nossa volta parece conspirar para que as coisas permaneçam como estão, ou até mesmo piorem. Foi aí que eu tomei a decisão mais importante da minha vida; e a forma como ela foi tomada também vale para você, em qualquer situação que esteja vivendo:

Começar. Pequeno. Com aquilo que é possível.

Naquela mesma noite do filme, comprei na internet vinte e um copos retráteis – aqueles que ficam achatados, e que eu usava nos parques das águas de Caxambu e São Lourenço –, um para mim e o restante para presentear amigos. Decidi que o primeiro lixo a eliminar da minha vida seria o copo descartável de plástico. O copinho retrátil virou mais que um objeto: virou símbolo, conversa, transformação. Meus amigos presenteados começaram a reparar no lixo que geravam, começaram a se questionar, e eu entendi: aquilo era um agente de mudança. E eu decidi que não pararia naqueles vinte amigos.

Um copinho retrátil. Um gesto. Simples. Carreguei para todo lado. Disse "não, obrigada" para o descartável. Postei. Contei. Foram 1.618 copinhos que não viraram lixo por conta desse simples gesto. E muita gente começou a me seguir, e a seguir junto.

Não era só o copo. Era uma nova forma de ver o mundo.

Lembrar que cada escolha tem impacto.

Assumir a responsabilidade pelo meu rastro no planeta.

Percebi que os discursos ambientalistas, na sua maioria, não alcançavam as pessoas – e ainda não alcançam. Eram difíceis de entender, muitas vezes restritivos, proibitivos, com uma estética que não gerava pertencimento para muita gente. Então, decidi fazer diferente: levar informação, beleza, humor e praticidade. Criar uma cultura. Ter uma atitude sustentável não é sobre sacrifício, mas potência, escolha, oportunidade.

Foi assim que, em 2015 nasceu a Menos 1 Lixo, uma plataforma de conteúdo sobre educação ambiental, um negócio de impacto, mas que também é um movimento, um convite para repensar o consumo, o lixo e, acima de tudo, nosso papel no mundo. E, sim, com um copo retrátil lindo como símbolo – porque na moda eu aprendi que, se quisermos mudar comportamentos, *precisamos gerar desejo*.

O movimento cresceu. Começamos com um desafio em que cada pessoa contabilizava quantos copos descartáveis deixava de usar. Minha primeira desafiada foi a atriz e amiga Nanda Costa, que, em uma semana, deixou de usar *99 copos descartáveis.*

O copo virou quase um talismã. Um óculos que muda a lente, e muda a vida. As pessoas começavam recusando um copo descartável e, de repente, estavam repensando toda sua relação com o consumo, com o planeta, com o sistema.

Fechar a agência foi um salto no escuro. O contrato com meu maior cliente terminou, e, em vez de buscar outros, decidi ouvir meu coração e me dedicar 100% à nova empreitada. E aí o universo respondeu: o programa Fantástico, da rede Globo, me chamou para falar numa matéria sobre resoluções de começo de ano. O Brasil inteiro conheceu minha história, meu projeto, meu copo. E o impacto se multiplicou.

Desde então, a plataforma se tornou o canal de conteúdos de sustentabilidade mais influente do Brasil. São milhões de pessoas impactadas mensalmente, séries no YouTube, palestras no Brasil e no mundo, prêmios, reconhecimentos. O copo chegou às mãos do papa Francisco, no Sínodo da Amazônia, e virou símbolo em milhares de empresas, escolas e comunidades. Já são mais de *800 mil copos reutilizáveis* de silicone comercializados para *mais de 3 mil empresas*, o que corresponde a cerca de *3,7 bilhões de copos plásticos descartáveis a menos no mundo*. Mais de *10 milhões de pessoas impactadas* por nossos conteúdos. Um impacto positivo direto muito grande, e um impacto indireto que não conseguimos mensurar. Empresas que mudaram seus modelos de negócio, pessoas que transformaram suas vidas ou simplesmente estão dando seus primeiros passos, como você está fazendo agora ao ler este livro.

Fui nomeada defensora da Organização das Nações Unidas (ONU) Meio Ambiente na Campanha Mares Limpos, entrei para o conselho do Greenpeace Brasil, apresentei programas de TV, escrevi artigos, realizei palestras para milhares de pessoas.

No entanto, mais do que números, prêmios e reconhecimentos, o que me move é a certeza de que cada gesto importa. De que não somos espectadores do colapso – somos parte dele, sim, mas também somos parte da solução.

E tudo isso começou com um filme, um choque, uma escolha e um copo.

Na verdade, começou muito antes. Começou lá atrás, na criança que, no passeio de barco em Angra dos Reis, disse que queria ser ecologista. E, de certa forma, aquela criança só estava me esperando lembrar desse desejo.

Hoje, sigo me vendo como filha da Terra. Comunicadora, ativista, escritora, sonhadora, empresária, mãe do Tito, esposa do Wagner, agora artista e sempre a serviço da Grande Mãe Gaia. A serviço da vida, da regeneração, do chamado que não pode mais ser ignorado.

E, se eu pudesse resumir tudo em uma frase, ela seria:

Você não é só consumidor. Você é criador. *E o mundo que queremos começa naquilo que escolhemos todos os dias.*

Talvez você já não use mais copo descartável, mas algo aí dentro certamente também está pedindo por mudança. Este livro é um convite para escutar esse chamado.

Wagner Andrade

Eu sempre fui empreendedor. Comecei cedo, aos 17 anos, estampando camisetas para as turmas da escola. Logo depois, já na faculdade de publicidade, mergulhei na aerografia, uma técnica de pintura, e aos 19 anos abri minha primeira empresa, especializada nesse tipo de arte, com uma loja dentro de um shopping, na cidade de Niterói, no Rio de Janeiro. Pintar camisas, figurinos para teatro e televisão, painéis e até paredes me fez entender a arte como um instrumento de conexão: não era apenas estética, mas uma forma de despertar sensações, tocar as pessoas. Esse trabalho manual me trouxe uma sensibilidade diferente para enxergar o mundo, um olhar mais empático e sutil para a vida. Foi também esse caminho que abriu portas para o empreendedorismo ligado à comunicação, minha formação, e, mais tarde, para o empreendedorismo de impacto.

Na comunicação, percebi que a publicidade poderia ir muito além de vender produtos. Meu contato com o terceiro setor começou em Niterói, quando me envolvi como voluntário numa ONG de educação complementar. Na mesma época, a Ana, mãe da minha filha Alice, trabalhava na Médicos Sem Fronteiras Brasil (MSF). Esse encontro com causas sociais foi transformador. Entendi que meu capital intelectual e minha formação deveriam estar a serviço da vida, e não simplesmente da engrenagem de consumo. Ali, ficou claro para mim que a publicidade, "mola mestra" do capitalismo, poderia – e deveria – ser ressignificada.

Essa experiência edificou minha visão de mundo. Trabalhar com causas, especialmente sociais, foi o que moldou meu caráter e me mostrou que a comunicação pode ser uma poderosa ferramenta de transformação. Minha monografia virou um manifesto: escrevi sobre marketing ambiental e, em 2008, fundei uma agência dedicada exclusivamente a projetos socioambientais. Foram anos criando campanhas e iniciativas com organizações como Unicef, ONU-Habitat, Iniciativa Medicamentos para Doenças Negligenciadas (DNDi), AfroReggae, Instituto Ronald McDonald, entre tantas outras. Cada projeto reforçava a certeza de que trabalhar com propósito não é um adendo, mas o centro daquilo que escolhi fazer.

Nesse percurso, também experimentei outros caminhos do empreendedorismo: a agência de impacto Devolve Consciente Criativo, uma startup de recursos humanos chamada Biz.u e até uma sociedade improvável com minha mãe em um sex shop. Cada uma dessas experiências trouxe aprendizados que me ajudaram a consolidar uma visão empreendedora plural, sempre voltada a encontrar sentido no que faço.

Cheguei à Menos 1 Lixo menos de dois anos depois do seu nascimento, me juntando à Fe nesse empreender que é tão pessoal quanto político. O ativismo já corria nas veias, mas foi nesse encontro com a pauta ambiental que ele encontrou a morada definitiva. Foi só quando mergulhei de vez nessa iniciativa, no fim de 2017, que essa jornada se consolidou de verdade. Além de uma plataforma de conscientização, a Menos 1 Lixo passou também a ser produtora de conteúdos profundos e transformadores. Liderar a criação das nossas primeiras websséries, como a *Mares Limpos* – a primeira em português sobre poluição plástica nos oceanos –, e a realização do nosso primeiro programa de TV, *Planeta Menos1Lixo*, exibido no Canal Futura e disponível no Globoplay, foram marcos dessa trajetória.

O melhor foi quando descobri que não estava sozinho nessa trajetória de impacto. A alegria de saber que existe uma rede global de negócios de impacto, o Sistema B, provocou uma catarse interna e foi o combustível (não de origem fóssil) para seguir adiante. E um dos movimentos que mais me orgulham nessa trajetória na Menos 1 Lixo foi liderar nosso processo de certificação como uma empresa B, que, resumidamente, reconhece negócios que buscam equilibrar lucro com impacto socioambiental positivo. Nos tornarmos B foi mais do que obter um selo. Foi reafirmar nosso posicionamento como um negócio de impacto, com causa, com intenção e que está no mundo a serviço de um bem maior e comum.

Hoje, além do digital, meu desejo é ampliar esse impacto para o que eu chamo de on-life: experiências reais e transformadoras. É o que estamos fazendo no laboratório de experiências regenerativas Terra Fértil, em Minas Gerais. Em uma terra degradada pelo gado, prototipamos iniciativas de conservação e produção de alimentos, mantendo a floresta de pé e regenerando o solo. É um projeto que simboliza essa transição: sair do discurso para a prática, do conteúdo para a ação, do on-line para o on-life. Seguimos, eu e a Fe, nessa construção que mistura amor, afeto, propósito, empreendedorismo e uma boa dose de ousadia.

Acredito que transformar é possível. Que negócios, pessoas e comunidades podem se alinhar em torno de um novo sonho coletivo. Que a publicidade pode ser ferramenta de regeneração. Que a arte pode ser linguagem de reconexão. E que o futuro que buscamos depende menos de esperar e mais de começar. E por que não agora?

A lente da sustentabilidade: ver o mundo de outro jeito

O ano era 1997. O oceano estava diferente. As águas ferviam com os efeitos de um El Niño severo, daqueles que desarrumam ventos, marés e até certezas.

No convés de um barco que cruzava o Pacífico, uma tripulação seguia viagem por um trajeto pouco convencional, desviando-se das rotas tradicionais entre o Havaí e a Califórnia. Era uma travessia tranquila, até que algo estranho, fora de lugar, surgiu.

No meio daquele azul sem fim e daquele mar sem ondas por causa do El Niño, algo chamou a atenção do capitão: começaram a aparecer, boiando, pequenos pedaços de alguma coisa que não dava para identificar. Primeiro um, depois outro, em seguida mais um... uma série de objetos não identificados flutuava, como cicatrizes abertas sobre o oceano. Olhando com mais cuidado, o capitão quase não acreditou no que viu: era lixo. Mais especificamente pedaços de plástico. E, então, uma espantosa percepção: quanto mais ele olhava, mais lixo surgia.

Não era um objeto isolado, nem dois. Era como se o mar, em vez de refletir o céu, refletisse as sobras da civilização. Aquilo não fazia sentido. Não ali. Não tão longe de qualquer costa.

A princípio, parecia apenas um acaso. Uma maré estranha, quem sabe. Mas, à medida que os dias passavam, a visão se tornava cada vez mais inquietante. Aqueles pequenos vestígios de civilização não paravam de aparecer e, com eles, a pergunta: de onde vem tanto lixo?

De volta à terra firme, aquela visão não saía da cabeça de quem esteve naquela embarcação. O desconforto virou pergunta. A pergunta virou pesquisa. E a pesquisa virou missão.

O que as correntes oceânicas escondiam? Como aquela quantidade absurda de plástico tinha ido parar ali? Por que aquele lixo não se dissipava? A resposta estava nos *giros oceânicos*, correntes que giram como redemoinhos gigantes no centro dos oceanos, criando zonas de acúmulo, onde tudo que o mar carrega acaba ficando preso, rodando infinitamente, como se o planeta não soubesse mais o que fazer com os excessos.

Foi assim que nasceu a expedição Alguita. Uma investigação feita não por um cientista acadêmico, mas por alguém movido pela urgência, pela indignação, e, principalmente, pelo amor ao oceano. Alguém que viu com seus próprios olhos o resultado do nosso estilo de vida. E, quando a gente vê, não tem como "desver".

Foi assim que o capitão e sua expedição encontraram aquela que ficou conhecida como a Ilha de Plástico do Pacífico. Não era uma ilha no sentido clássico. Ninguém poderia pisar ali. Aquela era uma ilha traiçoeira. Uma massa difusa, flutuante, invisível de longe, mas absolutamente presente quando se chegava perto. A água, de tão carregada de resíduos, parecia uma sopa. Uma sopa espessa de fragmentos invisíveis e visíveis, pedaços de um mundo que insiste em esquecer para onde vai o que se descarta.

O que descobriram foi mais grave do que se imaginava. A água, ao ser filtrada por redes finas, revelava que o plástico não estava só na superfície, nem apenas nos grandes objetos. Existiam trilhões de microfragmentos, tão pequenos quanto plânctons, disputando espaço com eles no cardápio de peixes, tartarugas e aves.

Naquele pedaço do oceano, a quantidade de plástico era *seis vezes maior que a de plâncton*.[1]

Seis vezes.

Era a confirmação de que aquela mancha plástica não era um acaso. Era uma ferida aberta. Uma denúncia flutuante de como nosso modelo de consumo transforma tudo em sobra.

Quando essa notícia começou a circular, muita gente achou que aquilo era novidade. Mas não era. A ciência já

---

[1] Moore; Phillips, 2011.

sabia. Pesquisas adormecidas, artigos esquecidos, dados ignorados. Ninguém quis ouvir.

Mas dessa vez seria diferente. Porque quem viu não conseguiu mais desver. E quem viu decidiu que não mais se calaria.

Seu nome? *Charles Moore*.

Capitão, navegador, ativista, cientista cidadão.

O homem que revelou ao mundo a existência da Grande Mancha de Lixo do Pacífico Norte, apelidada de Ilha de Plástico do Pacífico – uma sopa plástica com uma área estimada em *1,6 milhão de quilômetros quadrados*, que equivale ao estado do Amazonas ou, se preferir, a *17 vezes* o tamanho de Portugal, girando sem parar no meio do oceano, carregando atualmente mais de *79 mil toneladas de lixo flutuante*.

E, infelizmente, ela não está sozinha. Outras quatro grandes zonas de acúmulo de plástico foram identificadas nos oceanos, incluindo uma mais perto de nós, no Atlântico Sul, alimentada majoritariamente pelo lixo vindo da América do Sul.

A maior parte desses resíduos já se fragmentou tanto que é impossível identificar sua origem. Mas, entre os vestígios encontrados, há objetos datados de 1977, com inscrições em dezenas de idiomas diferentes. Cicatrizes de um planeta que insiste em tratar a terra e o mar como se houvesse um "fora".

O oceano, porém, não tem bordas.

O lixo que vai volta.

E quem entende isso não pode mais "desentender".

E por que começar falando do lixo marinho, do plástico? Porque o lixo é o resultado visível de um modelo insustentável que, como humanidade, criamos. Por isso precisamos tratar de sustentabilidade.

Mas, antes de falar sobre lixo, consumo ou mesmo sustentabilidade, precisamos falar sobre como vemos o mundo.

De que mundo estamos falando? Estamos falando de um mundo em crise, a maior crise já vivida pela humanidade até hoje. A crise climática não é um problema isolado, ela é um sintoma de um sistema que rompeu os limites do planeta. Estamos vivendo o colapso dos ecossistemas, fruto de séculos de exploração, extração e desconexão com a natureza.

As consequências são cada vez mais visíveis e catastróficas: aumento das temperaturas, secas extremas, enchentes históricas, ondas de calor mortais, incêndios florestais descontrolados, degelo acelerado das calotas polares e elevação do nível dos oceanos. Fenômenos que antes eram pontuais agora se tornaram rotina – e mais intensos a cada ano. Ufa, respira!

O Painel Intergovernamental sobre Mudança do Clima (IPCC), principal órgão internacional científico que versa sobre o assunto, já não deixa dúvidas: em 2024, as temperaturas médias do planeta ultrapassaram *1,5 °C de aquecimento* em relação aos níveis pré-industriais,[2] limite definido em 2015, no Acordo de Paris, e que era considerado relativamente seguro. Passar desse ponto significa entrar em zonas de risco irreversíveis, com impactos negativos em cascata sobre as águas, a produção de alimentos, a saúde e a segurança.

Além disso, vivemos uma crise de biodiversidade: espécies desaparecem em ritmo acelerado, enfraquecendo os próprios sistemas que sustentam a vida. Florestas, rios, oceanos e solos estão sendo devastados para alimentar uma economia baseada em crescimento infinito, algo impossível num planeta finito.

A crise climática também é uma crise social. Quem mais sofre são os que menos contribuem para ela: povos indígenas, comunidades tradicionais, populações periféricas e países do Sul Global.

O colapso não é apenas ambiental. É também espiritual, emocional, simbólico. É resultado de um modelo que trata a vida como recurso e ignora nossa interdependência com tudo que existe. Por isso precisamos aprofundar um pouco a reflexão sobre como levar uma vida mais sustentável.

Porque a sustentabilidade não começa na sacola reutilizável, nem na composteira, nem no canudinho de inox. Não começa quando plantamos uma árvore ou doamos sopa para moradores em situação de rua. Na verdade, está bem longe disso.

A sustentabilidade começa na lente.

---

[2] ECMWF, 2025.

A lente com a qual a gente enxerga a vida.

Os outros. O tempo. O planeta.

A nós mesmos.

A sustentabilidade em que acreditamos não tem a ver com moral, culpa ou perfeição.

Tem a ver com relação.

Com enxergar que o que eu faço aqui afeta alguém em algum lugar.

Que o que eu escolho comprar, comer, jogar fora e até mesmo seguir nas redes sociais apoia ou destrói sistemas inteiros.

Se você se preocupa com as pessoas que não têm o que comer, com a seca que se agrava, com as chuvas que deixam até cavalos em cima de telhados, que bom! Você não perdeu sua capacidade de se importar, de ver e se conectar com o mundo. Se o seu futuro, o futuro dos seus filhos, dos seus netos e dos outros seres é algo que o faz refletir, e até o angustia, você já está alguns passos à frente.

Se você tem esse incômodo, fique com ele um pouco. Ele é o alerta de que não está tudo bem, e perceber isso significa que você sente, entende, sabe que alguma coisa, ou muita coisa, precisa mudar.

O obstáculo é que muitas vezes esse incômodo paralisa, porque o problema parece impossível de ser resolvido.

Se você não sabe o que fazer, ou não sabe por onde começar, e acha que qualquer coisa que faça será insignificante, este livro é para você!

Este livro é para você que tem uma pulga atrás da orelha, que se comove com uma tragédia ambiental ou social, que tem a clareza de que precisamos mudar o rumo de como vivemos, construímos esse mundo e nos relacionamos.

Este livro é para você que sabe da sua força e potência, mas sente que lhe faltam instrumentos para agir... É como se fosse *alguém* para lhe dar a mão.

Este livro existe para ajudar você a responder às questões aos poucos, com os pés no chão e o coração aberto.

Porque, uma vez que você muda a lente com a qual observa o mundo, não consegue mais olhar igual nem fazer igual.

E como ler este livro?

Ele é um manual, mas não apenas.

É um livro de dicas, mas não somente.

Ele tem uma sequência lógica, mas você pode simplesmente olhar o sumário e escolher o assunto que mais lhe interessa.

Com isso em mente, convidamos você a, enfim, embarcar nessa jornada e descobrir novos caminhos para uma vida mais sustentável.

Boa navegação!

#INSPIRAÇÃO

Bem-vindo à seção #Inspiração! Ela é a nossa queridinha e sempre estará no encerramento de cada capítulo, para inspirar você ainda mais. Aqui, começamos sugerindo que você assista à entrevista que fizemos com o capitão Charles Moore, para a websérie *Mares limpos*. A série completa está no canal da Menos 1 Lixo no YouTube.

O HOMEM QUE DESCOBRIU UMA ILHA DE LIXO NO MAR (2025). Disponível em: https://www.menos1lixo.com.br/posts/o-homem-que-descobriu-uma-ilha-de-lixo-no-mar (acesso em: 25 jul. 2025).

Você conhece Diego Saldanha? Ex-vendedor de fruta no sinal, ele decidiu construir uma ecobarreira no rio atrás da sua casa, na cidade de Colombo (PR), e já retirou de lá mais de 20 toneladas de lixo, provando que nós somos, sim, agentes potentes de transformação. No QR code a seguir, uma entrevista de 2018 com o Diego, ainda no início do seu projeto, publicada no canal da Menos 1 Lixo.

O VENDEDOR DE FRUTAS QUE DECIDIU LIMPAR O LIXO DE UM RIO (2018). Disponível em: https://www.youtube.com/watch?v=5qGtggPCdbQ (acesso em: 25 jul. 2025).

#TRANSPIRAÇÃO

Opa, você chegou à nossa outra seção! Ela é um convite à ação, fornecendo dicas práticas para dar passos mais conscientes nessa jornada. E, sim, um passo de cada vez. Vamos lá.

Qual é o resíduo que mais aparece na sua rotina? Já reparou? Pode ser o copinho do café, a garrafinha de água ou aquela embalagem do *delivery*. Que tal aproveitar esta leitura para refletir sobre isso?

Durante uma semana, tente observar esse hábito e anotar quantas vezes você o evitou. Pode ser no bloco de notas do celular ou até com um aplicativo gratuito de calculadora de impacto. Além de reduzir resíduos gerados, é uma forma de enxergar o poder das pequenas atitudes.

Vamos dar o primeiro passo?

Parte 1

O COMEÇO

Capítulo 1

Ninguém precisa fazer tudo, mas todo mundo pode fazer alguma coisa

Sustentabilidade, para muita gente, virou sinônimo de peso. De lista infinita. De "não pode isso", "tem que fazer aquilo", "você ainda usa plástico?!".

A verdade é: ninguém aguenta viver tentando ser 100% sustentável o tempo todo.

E sabe por quê? Porque isso é impossível. A nossa existência é insustentável. A cada respiro, soltamos gás carbônico no ar e, dependendo da nossa pegada ecológica,[1] talvez precisássemos de uma outra vida para compensar a atual.

---

[1] Pegada ecológica é um indicador que mede o uso de recursos naturais em relação à capacidade da Terra de regenerá-los. Em termos simples, mostra quantos recursos ambientais são necessários para sustentar o estilo de vida de uma pessoa ou população.

O ideal de perfeição é uma armadilha. Ele paralisa. Desanima. Cria distância em vez de acolhimento.

Além disso, o sistema no qual vivemos não é sustentável, e sobre isso vamos falar ao longo de todo este livro.

Mas se, em vez de pensar em uma *sustentabilidade perfeita*, pensássemos em uma *sustentabilidade possível*? Em uma vida mais sustentável. Em menos um lixo por vez.

Não dá para fazer tudo. Mas dá para fazer algo. E esse algo já é imenso.

Porque ninguém muda o mundo sozinho, mas um monte de gente com um novo olhar faz a diferença.

A história de Lauren Singer

Imagine conseguir guardar todo o seu resíduo gerado em um ano em apenas um pequeno pote de vidro. Foi isso que a ativista Lauren Singer fez e vem fazendo. Um ano, um pequeno pote. Uau! Ela foi uma das responsáveis por disseminar o conceito de lixo zero. Sua história rodou o mundo.

Lauren é nova-iorquina e só conseguiu essa proeza porque, além de recusar muitas coisas, reduzia tantas outras e era adepta do "faça você mesmo", ou *do it yourself*. Além disso, ela mora em uma cidade como Nova York, e isso muda tudo! Vamos entender por quê.

O conceito de lixo zero consiste em reinserir na cadeia produtiva tudo o que chamamos de lixo. Dessa forma, o resíduo não vai para aterros sanitários, incineração ou lixões. No dia a dia, não é tão simples, porque, para eliminarmos o lixo do mundo, vamos precisar redesenhar processos, matérias-primas, sistemas de coleta e nosso estilo de vida. Lauren focou nessa última variável. Ela eliminou da vida dela, ou reduziu ao máximo, tudo o que não pode ser reciclado na cidade de Nova York, onde ela vive. E, para conseguir gerar apenas um potinho de lixo em um ano, ela mudou toda a vida!

Lauren nos leva a enxergar que temos que tornar a mudança possível, viável e desejável. Só achando que é possível é que a maior parte das pessoas começa a fazer alguma coisa. E é claro que é possível! No livro *Homo integralis*, temos a máxima: o lixo é um oferecimento do *Homo sapiens* para você. Para nós. E, se ele foi criado por nós, também somos nós que podemos criar outra forma de viver que elimine esse conceito, esse rejeito, do mundo.

Toda mudança começa com um desconforto.

Mas o desconforto passa. O impacto fica.

É aquilo: se você não é um corredor, não corre de primeira uma maratona de 42 quilômetros, mas talvez consiga, no início, correr um minuto e caminhar três. É assim, aos poucos, que tudo começa. E, quando a gente se dá conta, aquilo já passou a fazer parte do nosso dia a dia, do nosso hábito, da nossa rotina.

#INSPIRAÇÃO

Quer se inspirar para dar os primeiros passos tendo como referência o lixo zero? Aqui a gente sugere o TEDx de Lauren Singer, no qual ela conta como passou anos sem produzir lixo.

POR QUE VIVO UMA VIDA SEM DESPERDÍCIO (2015). Disponível em: https://www.youtube.com/watch?v=pF72px2R3Hg (acesso em: 25 jul. 2025).

Se quiser se aprofundar ainda mais, a dica é o livro *Desperdício zero: simplifique a sua vida reduzindo o desperdício em casa* (Lisboa: Editorial Presença, 2016), de Bea Johnson, pioneira nesse movimento e grande inspiração para todos nós, inclusive para Lauren.

#TRANSPIRAÇÃO

Uma coisa que Bea e Lauren têm em comum é que elas estão preparadas! Mas o que é estar preparado? É ter sempre à mão, na bolsa, mochila ou pochete uma sacola de pano ou ecobag, por exemplo, já que nunca se sabe quando vamos precisar.

Além das ecobags, um outro recurso em que quase ninguém se liga são as caixas de papelão para as compras de mercado. É só pedir no caixa que sempre dão um jeitinho de fornecê-las. Às vezes é até possível encontrar algumas dando sopa nos corredores, e aí é só pegar! Você vai ver que é mais fácil do que parece! E, depois, essa mesma caixa pode ser usada para separar os recicláveis em casa.

Que tal colocar em prática esse hábito e não usar sacos plásticos de mercado durante uma semana?

Capítulo 2

Sustentabilidade é sobre a lente com que você vê o mundo

Afinal, o que é sustentabilidade? E como aplicamos esse conceito em nossa vida?

O conceito de sustentabilidade ganhou força em 1992, na Conferência da ONU conhecida como Rio-92, ou Eco-92, quando passou a ser uma diretriz global para orientar o desenvolvimento dos países. A proposta era simples e poderosa: garantir que as gerações atuais pudessem suprir suas necessidades sem comprometer a capacidade das gerações futuras de fazer o mesmo, conceito que os povos originários vivem desde tempos imemoriais.

Também na década de 1990, surgiu a ideia do *triple bottom line*, ou tripé da sustentabilidade, que propôs que as empresas se equilibrassem e avaliassem seu desempenho em três pilares – econômico, social e ambiental –, em vez de focar apenas no lucro financeiro. Assim, os negócios precisariam ser financeiramente viáveis, socialmente justos e ambientalmente responsáveis. Naquele contexto, fazia sentido pensar em reduzir impactos dentro do modelo vigente, já que os danos ainda eram menores do que os atuais.

A sustentabilidade surgia, então, como uma tentativa de alinhar desenvolvimento e preservação, criando caminhos para produzir, consumir e viver respeitando os limites do planeta. E, sim, essa meta ainda precisa ser perseguida para que a vida como um todo se torne viável, e para que possamos sair das múltiplas crises em que vivemos.

O conceito era ótimo; o momento, perfeito. O problema é que ele foi esvaziado. Foi aplicado apenas em parte. E sustentabilidade, em vez de diretriz, de modelo para tomada de decisão, virou departamento ou atributo de produto. Muitas vezes, virou aquilo que chamamos de *greenwashing*, ou maquiagem verde, que é quando uma empresa diz que está fazendo algo sustentável, mas, na verdade, sua ação tem pouco impacto positivo, ou nenhum (isso sem falar dos casos em que o que é contado pelas empresas não passa de uma grande mentira).

Dito isso, talvez você esteja se perguntando: "Tá, mas então dá ou não dá para viver uma vida sustentável?".

No modelo em que a economia está desenhada atualmente, não. É impossível. A não ser que você seja de uma aldeia indígena ou de uma comunidade autossuficiente, isolada da civilização.

Então por que escrevemos este livro?

Porque não dá para viver de forma completamente sustentável, mas dá para viver de um jeito mais responsável e cuidadoso – dá para ser mais sustentável na sua medida, no seu tamanho. Ter uma vida mais sustentável é viver tentando melhorar um pouco mais a cada dia. E isso para cada pessoa vai ser diferente. Em comum, há a responsabilidade de cuidar ao máximo de si, do outro e do planeta. Sustentabilidade de verdade não precisa vestir fantasia: ela deve caber na sua rotina, no seu desejo, no seu bolso. É feita para durar, para ter propósito e para se ajustar à vida que você quer levar.

E, mais do que isso, a sustentabilidade pode ser a porta de entrada para que você se engaje em mudanças maiores da sociedade. Sabe aquela máxima "vamos ali rapidinho mudar o mundo?". Vamos pensar juntos: quem muda o mundo são os coletivos organizados. E coletivos são grupos de indivíduos. E ideias nascem de indivíduos, pessoas empoderadas – palavra que também foi esvaziada, mas que continua fazendo sentido –, engajadas, convictas da sua verdade, do seu ativismo, que têm uma força capaz de mover o outro, ou muitos outros. Uma multidão. São pessoas comuns, como nós, que se organizam para exigir mudanças estruturais na sociedade.

Vale citar aqui Vandana Shiva e Martin Luther King Jr. Eles nasceram em contextos diferentes, com histórias e culturas distantes, mas partilharam uma convicção inabalável: a de que um só corpo, quando movido pelo sonho, pela coragem e pela ética, pode inspirar milhões de pessoas e mudar os rumos da história.

Vandana é uma ativista reconhecida internacionalmente que conseguiu articular produtores rurais indianos contra o uso de sementes transgênicas e criou um banco de sementes com mais de quarenta espécies visando a uma agricultura mais diversa e que não usa pesticida ou agrotóxico. Ela fundou um centro de pesquisa que armazena e resgata sementes ancestrais em vias de extinção e publica artigos relacionados à soberania alimentar, agricultura orgânica e temas afins. Enfrentou grandes multinacionais produtoras de agrotóxicos para assegurar a soberania alimentar em países como Índia, onde nasceu, e Sri Lanka, e também em países da África e outros do Sul Global.

Luther King Jr. teve um impacto que poucos na sua época imaginariam: pelo princípio da não violência, levou milhares de pessoas às ruas nos Estados Unidos para exigir direitos civis para a população preta norte-americana. Diante do racismo estrutural e da segregação brutal, ele empunhou o amor como arma e o sonho como bandeira.

Essas personalidades provaram que *um indivíduo desperto é uma faísca capaz de incendiar corações, inspirar multidões e reescrever destinos*. E que lutar por justiça não exige força bruta, mas integridade, compaixão e visão coletiva de liberdade. O mundo mudou, em maior ou menor escala, porque pessoas, em tempos distintos, ousaram acreditar que o impossível era apenas o que ainda não havia sido feito.

Então falar de uma vida mais sustentável é falar de mudar nosso impacto na prática e de um caminho que nos possibilite criar, de forma coletiva, aquele mundo em que sonhamos viver. Gostamos de pensar em "mudar a gente para mudar o mundo".

Para isso, o sonho tem papel superimportante, porque é ele que nos move. E foi ele que moveu essas pessoas. Não à toa, o discurso "I have a dream" ("Eu tenho um sonho"), de Luther King Jr., é considerado por muitos o discurso mais importante do século XX. Mas não foi só nos Estados Unidos ou na Índia que coletivos organizados provocaram mudanças. Você deve estar pensando que essas realidades são coisa do passado e que não têm nada a ver com os dias atuais. Então, vamos contar a história da aprovação da primeira lei que baniu canudos de plástico em um município no Brasil. Essa história quem narra aqui é o Wagner, que esteve pessoalmente envolvido nela.

O ano era 2018. A Lei nº 6.384, que proibia o uso de canudos plásticos no município do Rio de Janeiro, já tinha sido aprovada em todas as instâncias, só faltava a sanção do então prefeito Marcelo Crivella. Eu estava em casa, trabalhando, quando o telefone tocou. Era minha coordenadora de conteúdo: "Wagner, a Alessandra Orofino, do movimento Nossas, precisa de apoio para engajar a população nessa pauta. Eles criaram uma petição e precisam de força para viralizar".

Não pensei duas vezes. Chamei o time e, com a nossa rede de comunicadores e artistas, decidimos entrar de cabeça.

Aquilo era mais do que uma lei municipal. Era um marco. Pela primeira vez, uma cidade brasileira poderia proibir um item plástico de uso único e enviar um recado claro para a indústria, para o poder público e para a sociedade: estamos cansados de engolir plástico.

Criamos a campanha Pare de Chupar, inspirada em uma ação da ONG norte-americana Lonely Whale. A ideia nasceu numa conversa com o Sérgio Marone, num café com empanadas. Sincronicamente, nós dois tínhamos sido impactados pela campanha gringa e pensado em fazer uma versão brasileira. E quando essa história se deflagrou entre uma mordida e outra na empanada, foi a confirmação que precisávamos. A gente queria usar o humor para cutucar o incômodo: "chupar canudinho" virou metáfora e provocação. Com a ajuda de amigos atores, e com o roteiro preciso elaborado pelo amigo André Dessandes, rodamos o vídeo de forma quase artesanal. Guerrilha pura. E viralizou. Em pouco tempo, o vídeo circulou nos grupos de WhatsApp, embalado pelo engajamento das celebridades e da comunidade da Menos 1 Lixo e do Nossas.

A mobilização deu certo. Crivella sancionou a lei. E o que era um movimento local virou semente. Segundo o relatório Single-use plastic in Brazil, *elaborado por pesquisadores da Universidade de São Paulo (USP), no Brasil, já há, ao menos, 214 leis municipais e estaduais desse gênero, quase três quartos delas focadas em canudos, copos e produtos plásticos similares.*

Esse foi o começo de algo maior. Por causa dessa mobilização, fomos convidados para colaborar na criação e implementação do Decreto Noronha Plástico Zero. Um passo ainda mais ousado: o decreto previa a proibição da entrada, comercialização e uso de todos os descartáveis plásticos de uso único na ilha, inclusive garrafas menores que 500 mL.

Em abril de 2019, Fernando de Noronha se tornou um exemplo mundial. Uma das ilhas mais bonitas do planeta virou também símbolo de coragem política e ação coletiva.

Uma história que por si só daria um livro.

#INSPIRAÇÃO

Já viu o vídeo *Pare de chupar*? É um convite divertido (e direto!) para repensar o uso de canudos plásticos.

PARE DE CHUPAR (2018). Disponível em: https://www.youtube.com/watch?v=RcHi9_OOZAo (acesso em: 25 jul. 2025).

Aproveite para conhecer o projeto Noronha Plástico Zero, uma iniciativa linda que mostra como é possível transformar territórios com menos descartáveis e mais consciência:

NORONHA PLÁSTICO ZERO (2020). Disponível em: https://www.menos1lixo.com.br/posts/noronha-plastico-zero (acesso em: 12 set. 2025).

#TRANSPIRAÇÃO

Agora que você já sabe o impacto do plástico de uso único nos oceanos, descubra se há alguma lei proibitiva de plásticos descartáveis na sua cidade. Se não houver, entre em contato com a vereadora ou o vereador que você ajudou a eleger. Entre todos os cargos do Legislativo, o de vereador é o mais próximo da população. Muitas câmaras municipais disponibilizam sites com e-mails e telefones diretos de cada um dos eleitos. Se a câmara da sua cidade não oferecer essa opção, também é possível entrar em contato com a secretaria da câmara por meio do próprio site ou presencialmente.

As redes sociais também funcionam muito bem – praticamente todos os vereadores têm páginas nas redes hoje, e é direito e dever da população se organizar e reivindicar a atuação deles.

Há ainda vários sites para criar petições, que podem ser divulgadas em suas redes e canais.

Outro caminho, complementar, é propor projetos de lei de iniciativa popular – chamamos de iniciativa popular porque é o próprio povo que oferece à Câmara o projeto, visando à sua transformação em lei. Segundo a Constituição Federal de 1988, art. 29, inciso XIII, o povo pode ter a iniciativa de projetos de leis de interesse específico do município, da cidade ou de bairros, através da manifestação de, pelo menos, 5% do eleitorado.

Exerça sua cidadania! Afinal, é para nos representar que escolhemos quem ocupa assentos na câmara.

Parte 2

A VIDA REAL

Capítulo 3

Sua casa é um ecossistema (e não é só de plantas que estamos falando)

Temos a tendência de pensar na nossa casa como um lugar separado do mundo. Um refúgio. Um espaço onde a vida "real" lá fora dá uma pausa. Mas já parou para pensar que a sua casa é, na verdade, um dos lugares onde a vida mais acontece?

Na cozinha, é fácil perceber isso: a forma como armazenamos comida, a quantidade de embalagens que descartamos, as sobras no final do dia, os produtos de limpeza que usamos sem nem ler o rótulo. Tudo isso é parte de um sistema. Um sistema que, por muito tempo, ignoramos, seja por distração, desconhecimento ou pura conveniência.

A verdade é que a nossa casa é um espelho da nossa cultura de consumo.

E também pode – e deve – ser o primeiro laboratório de transformação.

Cuidar da sustentabilidade da nossa casa não é só gerar menos lixo. É entender que cada escolha que fazemos reverbera muito além dos nossos muros. A comida que compramos, os produtos que usamos, a água que consumimos e até o destino do que descartamos estão diretamente conectados à saúde dos rios, dos oceanos, do solo, da biodiversidade e, claro, à nossa própria saúde.

Quando olhamos, por exemplo, para nossa alimentação, percebemos que ela tem papel central na crise planetária. Segundo o *Relatório do Índice de Desperdício de Alimentos 2024* do Programa das Nações Unidas para o Meio Ambiente (Pnuma), a produção de alimentos é, atualmente, a principal causa de perda de biodiversidade no mundo. As grandes cadeias de produção de carne, soja, óleo de palma e alimentos ultraprocessados estão entre os maiores vetores de desmatamento, uso excessivo de água, poluição de solos, rios e mares e emissões de gases de efeito estufa (GEE).

Ou seja, o que colocamos no prato todos os dias está diretamente ligado à destruição ou à regeneração dos ecossistemas. Optar por alimentos locais, sazonais, agroecológicos, de base vegetal e minimamente processados não é só uma escolha de saúde. É, sobretudo, uma escolha de futuro.

Quando começamos a entender que nossa casa é, sim, um ecossistema – conectado, vivo, interdependente –, tudo muda. Ela deixa de ser só um espaço privado e passa a ser uma extensão da vida que queremos no planeta.

Transformar a casa é, portanto, transformar o mundo. E o mais bonito disso é que começa no gesto mais simples: abrir a geladeira, escolher o que comer, pensar no que comprar, reparar no que descartamos e, aos poucos, construir hábitos que sustentam não só nossa vida, mas toda a teia da qual fazemos parte.

A sustentabilidade, no fim das contas, começa na cozinha. No banheiro. Na lavanderia. Na nossa presença. E, principalmente, na consciência de que o mundo lá fora começa aqui dentro.

A mágica da compostagem: revolução de dentro para fora

Se tem uma coisa que transforma a relação com o lixo é a composteira.

Compostar é transformar resíduos de alimentos em terra novamente. E essa transformação pode acontecer em nível estadual ou mesmo em casa. Para fazer a compostagem, você não depende da prefeitura, nem da boa vontade dos vizinhos, nem da estrutura do seu condomínio. Precisa de caixas de plástico, minhocas, serragem ou jornal picado e só! Você pode inclusive comprar uma pronta, feita de plástico reciclado. No Brasil, há algumas empresas que desenvolvem esse produto mágico, como a Morada da Floresta, que atua também no sentido de transformar compostagem em política pública, como já acontece em vários lugares do mundo. Compostar mostra, na prática, que nada precisa ser "jogado fora".

Tudo se transforma.

Você joga na composteira cascas, restos de frutas, borra de café...

E, aos poucos, aquilo vira vida. Terra preta. Nutriente.

É uma aula viva sobre transformação, regeneração e tempo.

E sabe o que é mais bonito? Crianças amam.

Elas aprendem que não existe um "fora", existe ciclo.

E que cuidar do que sobra é cuidar da Terra também.

Não tem espaço? Use composteiras urbanas.

Mora em prédio? Dá para ter até em apartamentos pequenos, ou você pode organizar uma composteira coletiva com seus vizinhos.

Não tem como compostar em casa? Doe resíduos orgânicos para quem composta.

Cada atitude é um elo na cadeia da regeneração.

Quando fazemos compostagem, também reduzimos muito a necessidade de ter saquinhos plásticos em lixeiras. E essa é uma das dúvidas mais comuns das pessoas: como eliminar saquinhos das lixeiras? Muito simples: se você compostar, não precisará do saquinho na lixeira da cozinha, por exemplo, aquela que normalmente fica em cima da pia. Aqui em casa, temos uma lixeira sem saco. Quando ela enche, tudo vai para o baldinho da compostagem – depois que o Tito nasceu, assinamos um serviço de coleta de resíduos orgânicos em casa, o Ciclo Orgânico, um dos pioneiros no Rio de Janeiro. Dessa maneira, já eliminamos o uso de grande quantidade de saquinhos, porque mais ou menos metade do resíduo da nossa casa é orgânico.

O que sobra? O rejeito e o reciclável.

O rejeito é aquilo que não pode ser reciclado (por exemplo, papel higiênico). Esse tipo de resíduo vai para um saco único, que, normalmente, é de papel. E aí ficaria o saco dos recicláveis. Mas, se vai ser reciclado, para que saco? No Rio de Janeiro, a coleta seletiva da Companhia Municipal de Limpeza Urbana (Comlurb) exige que o resíduo reciclável seja acomodado em um saco transparente. Então, como moramos em um prédio, acumulamos os resíduos em caixas de papelão, que depois levamos até a garagem, e ali eles são acomodados da forma certa para serem reciclados. Essas caixas reaproveitamos de entregas, pegamos em mercados e até na própria garagem onde ficam os resíduos do prédio.

Percebeu que a compostagem tem um efeito muito maior que só resolver o resíduo orgânico? Ela muda a forma como lidamos com todos os resíduos domésticos. Por isso somos fãs dessa tecnologia ancestral, natural e perfeita!

Qual a diferença entre resíduos orgânicos, recicláveis e rejeitos?

A possibilidade de reaproveitamento é o que os diferencia: resíduos orgânicos podem ser compostados; recicláveis podem ser transformados em novos produtos; e rejeitos são materiais que não podem ser reutilizados ou reciclados.

- **Resíduos orgânicos**: são materiais de origem vegetal ou animal, como restos de comida, cascas de frutas e legumes e podas de jardim.
- **Resíduos recicláveis**: são materiais que podem ser transformados em novos produtos, como plástico, papel, vidro e metal.
- **Rejeitos**: são materiais que não podem ser reciclados nem compostados, como fraldas descartáveis, absorventes e outros resíduos não aproveitáveis.

Neste ponto, é importante dizer que muitos materiais que são recicláveis acabam se tornando rejeitos por não haver ninguém que queira comprá-los, a exemplo de papel-filme, isopor (que é um tipo de plástico), embalagens de biscoito, bolo e similares.

Ah, também vale dizer que existem ainda os resíduos perigosos, como pilhas, tintas, baterias e materiais hospitalares, que exigem tratamento específico no descarte.

Separe já!

Muita gente tem dúvidas sobre como separar os diferentes resíduos, e já se bloqueia só de pensar que para isso é preciso ter aquela lixeira de quatro cores em casa. Não precisa!

No Brasil, onde ainda caminhamos a passos de cágado quando o assunto é reciclagem, só precisamos separar o resíduo seco do molhado. Mesmo que você não tenha ainda sua composteira, foque nesta separação simples: o que é embalagem seca do que é rejeito e orgânico. Dessa forma, o resíduo reciclável (seco) fica mais limpo e pode ser mais bem reaproveitado, inclusive com maior valor de mercado, fortalecendo a renda de catadores e cooperativas, que irão vendê-los por um preço melhor.

Na dúvida:

- reserve um recipiente para todas as embalagens;
- reserve outro para o lixo do banheiro e os restos de comida.

Você pode estar se perguntando: precisa lavar a embalagem antes de descartá-la?

Para a reciclagem em si, não. O plástico e os metais passarão por processos que vão higienizar, se necessário, aquele material. MAS – esse *mas* é em letras maiúsculas mesmo – lavar é importante para o cuidado com os catadores e com os locais de armazenamento nas cooperativas. Imagina que aquele resíduo vai ficar ali por dias, semanas, antes de ser enviado para reciclagem. Se não for lavado, a probabilidade de haver proliferação de insetos e ratos, além de mau cheiro, é maior. Então, sim, é importante lavar. Mas vamos gastar água para isso? Não precisa. Deixe as embalagens vazias na pia enquanto lava a louça, use a água de enxágue para deixá-las de molho. Isso já ajuda muito essa higienização básica.

Compostagem e fatos

De acordo com o relatório *What a waste* (*Que desperdício*), publicado pelo Banco Mundial em 2012, uma composteira doméstica pode:

- evitar mais de 150 quilos de resíduos por ano;
- fazer com que crianças que participam do processo de compostagem expandam a compreensão sobre sustentabilidade e nutrição (nas escolas, aliás, a compostagem é uma ótima maneira de falar sobre o ciclo da vida, a natureza, tempo e paciência);
- reduzir custos com transporte e aterros, além de diminuir significativamente a emissão de gases de efeito estufa, o que foi comprovado em cidades que implantaram coleta de orgânicos.

Em relação a este último ponto, vale destacar que, quando o lixo vai para um aterro, ele se decompõe sem oxigênio e libera metano, um gás até oitenta vezes mais potente que o gás carbônico. Compostar evita essas emissões, além de reduzir o peso do lixo e gerar adubo natural.

Um dado importante também é que, segundo a Associação Brasileira de Empresas de Limpeza Pública e Resíduos Especiais (Abrelpe), em relatório sobre a produção de resíduos sólidos no Brasil em 2018 e 2019, quase metade do lixo das casas brasileiras é orgânico.

#INSPIRAÇÃO

Olha o poder do coletivo! A Revolução dos Baldinhos é uma iniciativa que, desde 2008, atua na comunidade Chico Mendes, em Florianópolis, e debelou, pela organização popular, uma epidemia de leptospirose. Saiba mais sobre o projeto!

REVOLUÇÃO DOS BALDINHOS (2010). Disponível em: https://www.youtube.com/watch?v=cjEF0LUWXiE (acesso em: 26 jul. 2025).

#TRANSPIRAÇÃO

Quer aprender como fazer uma composteira em casa de forma supersimples usando baldes de margarina ou caixotes de plástico? Um tutorial está disponível a seguir.

COMO FAZER UMA COMPOSTEIRA DOMÉSTICA (2019). Disponível em: https://www.youtube.com/watch?v=URI6evoQ-NM (acesso em: 26 jul. 2025).

Outro tutorial interessante é este que ensina a fazer um produto de limpeza multiuso com cascas de cítricos, vinagre e álcool:

TRIO DE LIMPEZA. Disponível em: https://youtu.be/VadXEMBIELA?si=PxLRA11PyEAz3ILa (acesso em: 26 jul. 2025).

PARA QUEM QUER IR ALÉM

- Planeje antecipadamente as refeições da semana para não haver desperdício.
- Use potes reutilizáveis e sacolas de pano.
- Faça compras a granel.
- Evite embalagens em excesso. Quando possível, opte por refis de produtos que costuma comprar.
- Troque detergente por sabão de coco.
- Troque a esponja sintética (aquela verde e amarela, por exemplo) pela bucha vegetal.
- Repense seu consumo de carnes. Você pode começar adotando a "segunda-feira sem carne" e não ingerir nenhuma proteína animal e derivados nesse dia da semana.

Capítulo 4

O lixo não desaparece: para onde vão as coisas que "jogamos fora"?

Quando começamos a prestar atenção no lixo que produzimos, achamos que o maior problema é a quantidade.

Mas o problema, na verdade, começa na ilusão.

A ilusão de que existe um "fora".

De que basta colocar no saco, amarrar, entregar para o caminhão de lixo e pronto. Problema resolvido.

Só que o lixo não desaparece.

Ele muda de CEP. De cor. De contexto.

Sai da nossa vista e entra na paisagem dos que já têm pouco.

Aliás, lixo é um conceito muito estranho – de todas as espécies do planeta, só o ser humano o produz. Como dissemos anteriormente, o lixo é um oferecimento do *Homo sapiens* para você. É aquilo que não será reabsorvido pelo sistema. Ele é, na verdade, o resultado da forma de pensar da qual estamos falando desde o começo deste livro, um erro que nasce junto com o design, com a maneira como os produtos e os meios de produção são desenhados. Os produtos não são pensados para serem reinseridos no sistema quando sua vida útil acaba. Você pode estar pensando: mas e a reciclagem? Vamos a ela já, já, mas antes tenhamos isto em mente: lixo não deveria existir. E, aliás, "lixo" nem é a palavra correta; o correto seria falar em *resíduo*.

O LIXO NÃO EXISTE, OU NÃO DEVERIA EXISTIR

A gente sempre acreditou que mudar o mundo começa mudando o olhar. E, em 2023, a Menos 1 Lixo foi convidada a ajudar a mudar o olhar de um país inteiro, começando por uma palavra.

Foi quando recebemos o convite para participar da campanha Juntos pela Reciclagem, uma coalizão formada por grandes empresas que queriam, finalmente, pelo menos em conceito, tratar o lixo com a seriedade e a potência que ele merece. A proposta era ousada: redefinir, oficialmente, o significado da palavra "lixo" no dicionário.

Na hora, a gente entendeu: não era apenas uma campanha sobre reciclagem, mas uma ação com potencial para transformar o significado, o sentido de algo. E isso a longo prazo pode mudar mais que a consciência. Muda a cultura.

Fomos chamados não só para apoiar, mas para liderar a reflexão sobre o que, afinal, consideramos lixo. Porque lixo não é o que sobra. É o que a gente escolhe descartar sem enxergar valor. E essa escolha tem tudo a ver com cultura, consumo e consciência.

Começamos provocando: e se o lixo não fosse mais visto como o fim da linha, mas como um recomeço? E se cada embalagem, cada pedaço de plástico, cada sobra fosse entendida como matéria-prima de um novo ciclo?

Durante semanas, mergulhamos com o time da campanha em conversas profundas, provocativas, sobre linguagem, sustentabilidade e transformação cultural. Trouxemos nossa experiência nas redes, a percepção de quem atua na ponta com a reciclagem e nos bastidores da política pública, o olhar de organizações e coletivos. Trouxemos o olhar de quem há anos constrói pontes entre o consumo e a consciência.

A nova definição que ajudamos a construir foi parar no dicionário. Agora, "lixo" não é mais apenas o que se joga fora. É também o que pode voltar a ser recurso, gerar renda, reinventar caminhos.

O *Dicionário Houaiss* incorporou o conceito: "qualquer material que ainda não pode ser reciclado, reutilizado ou compostado". Esta não é exatamente a definição que gostaríamos, pois o "ainda não pode ser reciclado" sugere que não existe solução para destinar boa parte dos resíduos, o que é, de certa forma, uma inverdade. Quase todos os materiais são *recicláveis*, embora não sejam *reciclados* por causa da ausência de investimento da indústria e do poder público.

Para nós a definição ideal seria: "alguns poucos materiais que não possuem valor financeiro ou utilitário, pois não foram planejados para serem reintegrados ao sistema após seu descarte e, por isso, não serão reciclados, reutilizados ou compostados". Faz sentido? Vamos refletir juntos: "poucos materiais" deixa claro que a maioria dos materiais é reciclável ou compostável; "não possuem valor financeiro ou utilitário" sugere que a maioria dos materiais possui valor econômico, ou algum uso, e pode estimular a reflexão sobre o pós--consumo e o descarte; e, por fim, "não foram planejados para serem reintegrados ao sistema após seu descarte" evidencia o problema de ainda vivermos em um sistema que produz e descarta de forma linear, o que abre a possibilidade de refletirmos sobre a circularidade e o endereçamento desse desafio.

Ok, talvez nosso lado ativista tenha aparecido bastante nesse projeto, mas o resultado é, sim, um importante passo. Essa história é mais do que simbólica. Ela mostra que mudar o mundo não começa no descartar corretamente. Começa na linguagem, no imaginário, na cultura, naquilo que a gente escolhe nomear e valorizar. Começa, como já falamos bastante, na lente.

E se até o dicionário mudou... a gente também pode mudar.

Uni duni... R!

Para seguir com esse papo, vamos falar um pouco sobre os *5 Rs*, conceitos atrelados a um estilo de vida mais sustentável?

Ter um estilo de vida com menos desperdício significa repensar o nosso consumo e assumir a responsabilidade por ele, do início ao fim. Ou seja, investigar do que é feito o que você quer comprar, de onde vem e, claro, para onde vai quando você precisar descartar. Se precisar descartar. Pensando nisso, Bea Johnson – aquela que mencionamos no capítulo 2 e que lançou o primeiro manual que conhecemos para uma casa sem lixo – definiu cinco passos para cuidarmos desse processo individualmente e termos um estilo de vida sustentável, os 5 Rs (mesmo que, em português, o último item não comece com R):

1. recusar;
2. reduzir;
3. reutilizar;
4. reciclar;
5. compostar (em inglês, *rot*).

Essa lista é ótima porque coloca em ordem de importância os Rs mágicos da sustentabilidade. E é muito curioso que o primeiro seja *recusar*. Faz todo sentido. O melhor lixo é aquele que não geramos. Mas "recusar" tem muitos outros significados, por exemplo, pensar que temos o poder do

NÃO. Não temos a obrigação de aceitar tudo como é. Não temos a obrigação de aceitar embalagens, tampouco de aceitar um estilo de vida que já não é mais possível.

O segundo R é o de *reduzir*. Consumir menos. Tudo!

O terceiro, pratica-se muito pouco, que é *reutilizar*. Tudo está tão descartável e mais acessível que, muitas vezes, pensamos: para que reutilizar se posso comprar um novo? Mas já parou para refletir sobre a construção dos preços? No artigo "What if fashion were good for the planet?" ["E se a moda fosse boa para o planeta?"], Lieve van Woensel e Sara Suna Lipp questionam como é possível que uma blusinha seja tão barata se a indústria têxtil é responsável pela poluição de 20% da água doce do mundo. A resposta passa pelo fato de que, embora o lucro seja individual, isto é, favoreça apenas às empresas e seus empresários, o prejuízo é coletivo. Poluição, desmatamento, doenças causadas por esses problemas ambientais, desastres, secas e todo o resto que deriva do modelo no qual vivemos, tudo isso é considerado uma externalidade, algo inerente ao processo, mas que não entra na conta, ou seja, o prejuízo, que é gigantesco, é dividido por todo mundo. Mas pense bem: suponha que você mora em um condomínio que tem uma piscina e um vizinho resolve criar gado no quintal e jogar todo o cocô do gado na piscina, que é de todos os moradores. Haveria, no mínimo, uma reunião de condomínio para convidar esse vizinho a agir de outra forma. Se ele insistisse nessa atitude, muito provavelmente seria processado, levaria uma multa ou algo do tipo, certo? Mas por que isso não acontece com as empresas? Por que esse prejuízo que deriva exclusivamente delas é socializado? Fica a pergunta para reflexão.

Voltemos aos Rs. Se *reciclar* é o penúltimo R, cabe aqui uma informação que muitas pessoas desconhecem: se você separa algo para reciclar não significa que aquilo será reciclado.

A reciclagem é uma atividade econômica, ou seja, tem que ter um comprador, um vendedor e uma estrutura para os produtos circularem. Quando você não separa na fonte, ou seja, na sua casa, esse resíduo muito provavelmente não terá oportunidade de chegar a uma cooperativa para ser triado e vendido. Mas, quando separa, ainda há a segunda parte do processo: é preciso que haja um comprador. E, para isso, o valor do resíduo deve ser atrativo. Aí entram algumas questões que fazem a taxa de resíduos reciclados ser tão baixa. Existe, por exemplo, incentivo fiscal para boa parte da cadeia do petróleo; por outro lado, o resíduo reciclado paga imposto duas vezes: quando a matéria-prima é produzida e quando ela é reciclada e volta para a indústria. Isso torna o reciclado, em muitos casos, mais caro do que o material virgem e inviabiliza que ele volte para a cadeia produtiva.

E ainda tem a parte mais chocante da história: o Brasil recicla apenas 3% de todo o resíduo produzido. Em algumas pesquisas, você vai encontrar 4%. Um relatório publicado em 2024 pela Associação Brasileira de Resíduos e Meio Ambiente (Abrema) afirma que, na realidade, essa taxa seria de 8%. A verdade é que ninguém consegue precisar esse número, pois a reciclagem é uma atividade extremamente informal, não regulamentada e com dados públicos muitas vezes enviesados. De qualquer forma, saber que esse percentual é de menos de 10% está bem longe do que seria minimamente aceitável, concorda?

Vamos então considerar uma média. Se 5% do lixo no Brasil é efetivamente reciclado, o que acontece com os outros 95%? Em 2025, ainda há milhares de lixões no Brasil. Segundo a Munic, pesquisa de informações básicas municipais, do Instituto Brasileiro de Geografia e Estatística (IBGE), 31,9% dos municípios brasileiros continuam jogando seus resíduos sólidos em lixões, ou seja, espaços não controlados para o depósito de resíduos (e que, desde 2024, de acordo com a Lei nº 12.305/2010, não deveriam mais existir).[1]

Sobre o último R, *rot*, que em português seria *compostar*, já falamos um pouco no capítulo anterior. Apesar de ser o último item da lista da Bea Johnson, é o nosso grande queridinho, porque, como dissemos anteriormente, não depende de uma cadeia estruturada nem da economia e é uma forma de lembrar todo dia a mágica de que a natureza é capaz.

[1] Você pode ler mais sobre esse assunto em Agência Senado (2024).

A verdade sobre o lixo no Brasil

Segundo o relatório *Panorama dos resíduos sólidos no Brasil 2024*, publicado pela Abrema, cada pessoa produz em média 1,043 quilo de resíduo por dia no país! Produzimos mais de 82 milhões de toneladas de resíduos sólidos urbanos por ano. E, sendo bem otimista, no máximo 8% são efetivamente reciclados.

De acordo com dados do Movimento Nacional dos Catadores de Materiais Recicláveis, existem cerca de 800 mil catadores no Brasil, em sua maioria mulheres.[2] Essa força de trabalho é responsável por quase toda a reciclagem no país, muitas vezes feita de forma precária e invisível.

Aterro × lixão

No Brasil, infelizmente, ainda temos uma realidade muito preocupante em relação aos lixões. Na Eco-92 (que, como o nome diz, foi realizada em 1992) o Brasil assinou um termo de compromisso para acabar com os lixões a céu aberto em um prazo de vinte anos. O ano de 2002 chegou, e o prazo foi estendido para 2014. Depois disso, a Política Nacional de Resíduos Sólidos (Lei nº 12.305, de 2010) ampliou a data-limite para 2024. Até o momento, nada do que havia sido estabelecido parece ser uma realidade. Segundo o *Panorama dos resíduos sólidos no Brasil 2022*, da Abrelpe, além

[2] Para saber mais sobre esse tema, você pode consultar o artigo de Ferreira, Silva e Silva (2023).

de cerca de 33 milhões de brasileiros viverem em locais em que não há qualquer coleta de lixo, cerca de 40% dos municípios brasileiros ainda despejam seus resíduos em lixões.

E qual é exatamente o problema disso?

Os lixões são espaços a céu aberto, sem qualquer triagem ou controle dos resíduos. Isso significa que matéria orgânica, lixo eletrônico, recicláveis, tudo fica no mesmo espaço, sem separação, o que gera intensa decomposição. Como o espaço não é controlado, o chorume, aquele líquido proveniente da decomposição, se infiltra no solo e contamina lençóis freáticos, além de gerar gás metano, que é vinte vezes mais perigoso do que o gás carbônico quando falamos de efeito estufa. O não isolamento do lixo também acaba propagando uma série de doenças e favorece a proliferação de animais como ratos e baratas, que atuam como vetores de doenças para os catadores – muitos deles trabalham nesses locais e, como você deve imaginar, em condições insalubres.

A pior parte é que os lixões podem estar localizados em áreas de proteção ambiental e perto de rios e mares, como é o caso do Jardim Gramacho, no Rio de Janeiro, que fica à beira da Baía de Guanabara.

Mas dá para ser diferente?

A grande diferença entre os lixões e os aterros sanitários é que os aterros são controlados. Ou seja, existe uma triagem do material que vai parar nesse espaço, e o resíduo orgânico pode passar por uma central de tratamento que transforma o chorume em adubo. No aterro, também há o isolamento dos resíduos, o que impede a contaminação de lençóis freáticos e do ar. É possível, ainda, transformar o gás metano em biometano, o qual pode ser usado para substituir o gás de cozinha, que é um combustível fóssil.

Além disso, um aterro precisa de licença ambiental para funcionar e é submetido a medições periódicas mesmo vinte anos depois de sua desativação.

Se quase 50% do resíduo do brasileiro vai para os lixões, precisamos lembrar desses dados e das diferenças entre lixão e aterro na hora de consumir. Já que tudo tem um pós-consumo, temos de assumir que somos responsáveis por ele. E com isso em mente, nunca é demais reiterar: de todo o lixo que produzimos, somente 4%, ou no máximo 8%, são efetivamente reciclados.

Lixo é uma questão de justiça social

Quando pensamos em lixo, a maioria das pessoas imagina o fim de um ciclo. Mas, na verdade, estamos falando do começo de muitos outros ciclos, além de uma cadeia invisível que carrega desigualdades, trabalho invisibilizado e profundas injustiças sociais.

A má gestão de resíduos sólidos no Brasil não é só um problema ambiental. É também um retrato das nossas desigualdades históricas. São as populações negras e periféricas as mais afetadas pelos lixões a céu aberto, pela poluição e pelos alagamentos causados por bueiros entupidos. Esses territórios onde falta saneamento e sobra descaso são também os mais vulneráveis às consequências da crise climática, agravada pelas emissões de metano geradas pelo mau tratamento de resíduos.

Enquanto isso, na outra ponta da cadeia, estão os verdadeiros agentes ambientais deste país: catadores e catadoras de materiais recicláveis. São eles que garantem que milhões de toneladas de resíduos deixem de ir para os aterros todos os anos. E fazem isso sem reconhecimento, sem salário mínimo garantido e, muitas vezes, sem proteção adequada para trabalhar.

A informalidade é dominante. Grande parte da coleta, triagem e processamento de recicláveis no Brasil é feita por cooperativas subestruturadas, organizações comunitárias ou catadores autônomos, que enfrentam jornadas de trabalho duras, em condições precárias e com pouco retorno financeiro. Em média, 85% das famílias de catadores estão abaixo da faixa de pobreza.[3]

Mesmo com a Política Nacional de Resíduos Sólidos reconhecendo o papel estratégico dos catadores, a prática ainda está longe da teoria. A lei valoriza o trabalho como inclusão social e propõe a integração desses trabalhadores à gestão de resíduos, mas centenas de municípios brasileiros ainda não possuem coleta seletiva estruturada. E, mesmo nas cidades onde há algum tipo de coleta, são raros os casos em que ela garante remuneração justa e condições dignas a essas pessoas.

Um exemplo potente de enfrentamento dessa realidade vem dos Recicleiros, uma organização da sociedade civil

[3] Saiba mais em Dia Nacional [...] ([2024]).

que atua estruturando cadeias de reciclagem em pequenos e médios municípios do Brasil. O trabalho é incrível: eles exigem que as prefeituras publiquem leis e se estruturem para garantir a operação da reciclagem, profissionalizam cooperativas e articulam parcerias com o setor privado. Mesmo assim, o desafio de "fechar a conta" e pagar um salário digno aos trabalhadores ainda é gigante. Se em cidades acompanhadas por um programa sólido e bem gerido isso já é um obstáculo, o que dizer dos outros tantos municípios que nem sequer têm estrutura básica de gestão de resíduos?

Não dá para falar de sustentabilidade sem falar do custo humano da reciclagem no Brasil. Não dá para dizer que se recicla ignorando que, na prática, os resíduos passam por uma mulher negra, invisível, que não ganha o suficiente nem para alimentar os filhos.

A reciclagem tem uma dimensão ética, e isso significa garantir que todo o processo, do descarte ao reaproveitamento, seja justo. Que a cadeia seja inclusiva, transparente, com remuneração decente, equipamentos de proteção, capacitação e valorização dos saberes dos trabalhadores. Significa parar de chamar de "lixo" o que ainda tem valor e parar de tratar como descartáveis as pessoas que sustentam essa cadeia.

Essa é uma pauta que une direitos humanos, justiça ambiental, educação, cidades, saúde pública e economia regenerativa.

E, sim, é também uma pauta sua. Porque cada vez que você escolhe para onde vai seu resíduo está decidindo quem vai lidar com ele.

E, se o lixo fala muito sobre a sociedade em que vivemos, talvez seja hora de ouvirmos com mais atenção o que ele está dizendo. O lixo diz muito sobre o que valorizamos, o que ignoramos, o que empurramos para baixo do tapete.

Lidar com o lixo é lidar com o que a sociedade tenta esconder. Também com o que não queremos ver em nós mesmos.

Mas toda vez que você cuida do que sobra, envia uma mensagem silenciosa para o mundo: "Eu me importo com o caminho que isso faz e com quem vai encontrá-lo lá na frente".

O PLÁSTICO E AS MUDANÇAS CLIMÁTICAS

Você sabe o que são as mudanças climáticas que estão em curso? São alterações no clima causadas pela ação do ser humano, sobretudo pela liberação de gases como gás carbônico (CO_2), óxido nitroso (N_2O) e metano (CH_4), capazes de gerar o efeito estufa no planeta. O acúmulo desses gases acontece desde a Revolução Industrial, quando os processos de produção, no mundo ocidental, passaram de artesanais para mecanizados.

Será que há alguma relação entre o plástico e essas mudanças climáticas? Total! Primeiro, porque o plástico é um subproduto da exploração de petróleo, sua matéria-prima. Segundo, porque, de acordo com dados do Center for International Environmental Law (Ciel), a produção da indústria do plástico está entre as cinco que mais contribuem, e de forma crescente, para a liberação de gases do efeito estufa na atmosfera. Se a produção petroquímica e de plásticos continuar a todo vapor, até 2050 ela será responsável por até 13% de toda a quantidade de gás carbônico que podemos produzir globalmente para que a temperatura do planeta não aumente em 1,5 °C. O assunto é sério.

Nem todo resíduo tem o mesmo impacto no ambiente, ou melhor dizendo, na vida. E um dos piores é o plástico. Ele impacta todos os ecossistemas e já foi identificado até no leite materno e no nosso sangue. Diferentemente de outros materiais, é um resíduo que funciona como uma esponja, absorvendo as toxinas do que está à sua volta e virando uma espécie de bomba química, com um impacto negativo que vai além da matéria-prima em si. Ainda assim, ele está amplamente difundido na nossa vida. Em 2024, o World Wide Fund for Nature (WWF) publicou a pesquisa *Maré subindo III*, na qual destaca que o Brasil produz mais de 10 milhões de toneladas de plástico por ano e que só reciclamos 1,28% desse montante.

Além da imensa produção de plástico, vale saber também que o Brasil é o sexto país do mundo que mais emite gases de efeito estufa. O relatório *Análise das emissões de gases de efeito estufa e suas implicações para as metas climáticas do Brasil 1970-2021*, de novembro de 2023, publicado pelo Observatório do Clima, concluiu que o desmatamento ainda é o principal responsável pelas emissões desses gases no país. Em 2022, 49% das emissões brutas foram provenientes do uso da terra, especialmente do desmatamento. Na mesma linha, o relatório *Climate change and land* [*Mudança do clima e terra*], do IPCC, publicado em 2020, indicou que 23% das emissões do mundo vêm do desmatamento e da pecuária, ou seja, do uso da terra e de seus impactos.

#INSPIRAÇÃO

A engenheira ambiental Jena Jambeck é uma das maiores especialistas em poluição plástica do mundo. Na entrevista que fizemos com ela, Jena revelou um dado chocante: mais de 8 bilhões de toneladas de plástico já foram produzidas no planeta, e grande parte disso ainda está por aí, acumulada em lixões, aterros ou nos nossos oceanos.

Para saber mais sobre o assunto, assista à entrevista completa e entenda por que precisamos repensar imediatamente a nossa relação com o plástico:

A MULHER QUE DESCOBRIU QUANTO PLÁSTICO JÁ SE PRODUZIU NO MUNDO (2018). Disponível em: https://www.youtube.com/watch?v=iLlxUXeF-aI (acesso em: 27 jul. 2025).

#TRANSPIRAÇÃO

Bora botar a mão na massa?

Este exercício é simples, mas pede um mergulho consciente na sua rotina. Antes de começar, alguns recadinhos importantes:

- aqui ninguém é guru da sustentabilidade, estamos todos aprendendo;
- reserve um tempo da sua semana para refletir com carinho a respeito do impacto que suas ações em casa têm sobre o meio ambiente;
- lembre-se que cuidar do lixo é cuidar da vida – é abundância, não escassez.

Agora vamos lá: você sabe qual é o tipo de resíduo que mais gera em casa?

Comece pela sua despensa. Pegue um caderno e anote todas as embalagens que encontrar: achocolatado, arroz, sabão em pó, o que tiver. Identifique o tipo de material: plástico, papel, alumínio, aço, etc.

Depois, separe os resíduos da semana em um balde ou caixa e reflita: qual desses resíduos você pode reduzir ou eliminar hoje?

Essa investigação pode não só surpreender como transformar você.

PARA QUEM QUER IR ALÉM

- Reduza na fonte: compre menos, compre melhor, reaproveite o que puder.
- Repare antes de descartar: existe vida útil além do óbvio.
- Separe com consciência: o reciclável precisa estar limpo, seco e separado do úmido.
- Apoie catadoras e catadores: descubra cooperativas locais, doe materiais, fortaleça a rede.
- Evite embalagens descartáveis: use a sua própria embalagem. Leve seus potes, sua sacola, seu copo.
- Reaproveite o lixo orgânico: já falamos da composteira, lembra? Ela volta com tudo no próximo capítulo.

Capítulo 5

Menos é mais liberdade: o desapego como revolução silenciosa

Para muita gente, o consumo é uma forma de buscar segurança.

Comprar roupa nova faz a gente se sentir bonito. Acumular objetos faz a gente se sentir "preparado". Ter sempre algo novo dá a sensação de que a gente está indo bem.

A gente foi educado para acreditar que ter é sinônimo de ser. E que *mais* é sempre melhor.

Porém, aos poucos, a gente percebe que, quanto mais acumula, mais sufocado se sente.

Mais difícil é limpar a casa.

Mais difícil é encontrar o que realmente importa.

E mais difícil é escutar a própria intuição, soterrada de estímulos.

É aí que cai a ficha: o excesso, muitas vezes, é um ruído. E o desapego, um caminho de volta para dentro.

Desapegar não é perder.

É abrir caminho.

Abrir espaço para respirar. Para sentir. Para lembrar quem você é, debaixo de todas as camadas de consumo e distração.

A liberdade, muitas vezes, não está em ter mais. Mas em precisar de menos e sentir que isso é o bastante.

O peso do excesso

Você sabia que:

- O Brasil está entre os dez países que mais consomem roupas no mundo?[1]
- Uma peça é usada, em média, sete vezes antes de ser descartada?[2]
- O consumo compulsivo está associado a sintomas de ansiedade, vazio e baixa autoestima?

[1] Cox, 2024.
[2] Keeping [...], 2025.

- No deserto do Atacama existe um lixão de roupas usadas que já ocupa um espaço de 300 hectares, ou 420 campos de futebol, e por ano são despejadas cerca de 40 mil toneladas de roupas ali? (Dá para ver até dos satélites!)[3]

O consumo também tem um impacto invisível:

- Segundo dados de 2024, do Serasa, o Brasil tem mais de 70 milhões de pessoas endividadas. Boa parte dessas dívidas está relacionada ao consumo imediato, incentivado por publicidade emocional.[4]
- Um estudo publicado na revista *Psychology Today* aponta que práticas de desapego físico estão ligadas à melhor qualidade do sono, saúde mental e sensação de autonomia.[5]

Com essas informações em mente, cabe a nós refletir: é possível viver com menos? Não é só possível, mas urgente. A esse respeito, vamos aqui a um relato sobre uma experiência da Fe.

Em 2017, apresentei meu primeiro programa de TV, o Menos é Demais, *na Discovery Home & Health. Era um* reality show, *apresentado por mim e pela Chiara Gadaleta, no qual visitávamos pessoas que consumiam excessivamente. Íamos*

---

[3] Paúl, 2022.

[4] Albuquerque, 2024.

[5] Stoler, 2023.

à casa da pessoa, fazíamos um diagnóstico da situação e a convidávamos a tentar viver com menos. Foram treze episódios, treze casas visitadas, treze famílias e pessoas que refletiram sobre algo pelo qual muitos de nós passamos: a tentativa de preencher vazios com objetos. O problema é que essa conta nunca fecha, porque o vazio emocional não pode e não será preenchido por um item material.

Lembro de um caso emblemático de uma garota que era apaixonada por batons e tinha mais de cem em sua coleção. Porém, pense comigo: batom tem prazo de validade, estraga. Se o ano tem 365 dias e você tem cem batons, usará cada um deles no máximo três vezes por ano. Ou seja, não faz muito sentido ter tantos, né? Até porque não existem cores tão diferentes assim. Além disso, ela fazia dívidas porque adquiria produtos caros usando o cartão de crédito, entrando num buraco sem fim. Depois de muita conversa, ela topou desapegar de alguns batons, que a equipe do programa levou para higienizar e doar em uma feira de trocas no dia seguinte. Mas o apego era tanto que ela ligou para a produção no meio da madrugada porque não conseguia dormir pensando naquilo.

Tudo isso é reflexo de um sistema que nos diz que só temos valor pelo que possuímos, e não pelo que somos. E que o vazio será preenchido com compras. Só que isso nunca vai acontecer.

Minimalismo é sobre espaço, não sobre estética

Talvez você já tenha ouvido falar em minimalismo, ou visto referências de casas com uma estética preta e branca e poucas plantas.

Mas não necessariamente tem de ser assim.

Quando a gente fala em viver com menos, não estamos falando de uma estética neutra, toda branca, bege e muitas vezes sem graça, como o minimalismo ficou conhecido nas redes.

Minimalismo não é sobre ter pouco. É sobre ter o que faz sentido.

É olhar para sua vida e se perguntar: “Isso me nutre ou me entulha?”.

Não tem a ver com a quantidade. Tem a ver com qualidade. Com intenção. Com presença.

Você pode ter um altar cheio de cores, uma prateleira de livros que o inspiram, uma parede cheia de quadros, uma coleção de panos de prato, de crochês, de memórias – se isso o nutre, alegra, conecta, está tudo certo.

O que não faz mais sentido é vivermos soterrados por coisas que não usamos, não amamos, nem sequer lembramos que temos.

Cada objeto parado, guardado – "vai que um dia eu preciso" – também ocupa espaço na nossa mente, na nossa energia, na nossa atenção. E muito provavelmente teve um custo, que pagamos com a nossa energia vital. Sim, porque o trabalho é a troca da nossa energia vital por dinheiro. Cada um sabe dos seus corres e do custo deles. Será que aquela blusinha da promoção que será usada somente três vezes vale a pena? Será que vale a nossa energia vital? Ou a água doce do planeta?

Minimalismo é sobre abrir espaço.

Espaço físico.

Espaço mental.

Espaço emocional.

Espaço energético.

Para quê?

Para ter mais tempo.

Mais clareza.

Mais presença.

Mais leveza.

É como silenciar os ruídos para ouvir o que realmente importa.

É HORA DE CONHECER O PROJETO 333

Reflexões como essa podem ser provocadas por pessoas como Courtney Carver, criadora do Project 333, ou Projeto 333, em tradução literal.

Courtney Carver era uma executiva de publicidade de Salt Lake City, nos Estados Unidos, e em 2006 recebeu o diagnóstico de esclerose múltipla. Depois do pânico inicial, ela entendeu que precisaria mudar muita coisa na vida dela, já que o estresse poderia agravar seus sintomas. Para isso, decidiu reduzir tudo o que lhe gerava ansiedade: das dívidas aos excessos dentro de casa. Entre estes, um guarda-roupa abarrotado de roupas que mal usava, fruto de anos de compras por impulso, tanto em lojas físicas quanto on-line.

Foi então que ela se deparou com um dado que a fez refletir: 80% do tempo, a maioria das pessoas usa apenas 20% das roupas que possui. Inspirada por isso, criou um desafio pessoal: viver com apenas 33 peças no armário. Escolheu esse número simplesmente porque parecia desafiador.

Começou separando acessórios essenciais, como óculos de sol, bolsa e um trench coat, e depois peças versáteis que combinavam entre si: jeans, uma regata preta, um blazer cinza. O restante foi embalado e guardado, com a ideia de revisar as peças a cada três meses, acompanhando as mudanças de estação.

Para compartilhar sua experiência, ela criou o blog Project 333, no qual definiu as regras do desafio: as 33 peças incluem roupas, calçados, acessórios e casacos. Não entram na conta roupas íntimas, pijamas e roupas de academia, estas últimas desde que realmente sejam usadas para a prática, e não no dia a dia.

Courtney afirma que um armário mais simples foi a porta de entrada para uma vida mais leve. O ato de se vestir ficou mais fácil, ela passou a investir em roupas de qualidade e atemporais e curiosamente começou a receber mais elogios do que nunca. Grande parte do que possuía foi doado.

Em 2011, largou o emprego e se dedicou integralmente ao site BeMoreWithLess.com, ajudando pessoas a simplificar não só o armário, mas também a vida. Courtney costuma dizer: "Nenhuma das minhas memórias mais felizes está ligada a algo que eu comprei".

Ter mais coisas nem sempre significa ter mais conforto. Às vezes, significa mais bagunça, mais distração, mais manutenção, mais ansiedade, mais dívida, mais sobrecarga.

Por isso, o convite aqui não é exatamente para contar quantas calças você tem, nem para caber num padrão de armário-cápsula instagramável. O convite é para se perguntar: *"O que, de tudo isso que me cerca, realmente faz sentido para mim, para minha vida, para o mundo que eu quero ajudar a construir?"*.

Minimalismo não é sobre vazio. É sobre espaço para transbordar.

E é também sobre ter mais grana. Afinal, menos coisas, menos boletos. Porque a sustentabilidade também precisa ser financeira!

#INSPIRAÇÃO

Quer se inspirar e se divertir ao mesmo tempo?

Com base no Projeto 333, criamos o Desafio Armário Cápsula, uma série cheia de reflexões sobre consumo consciente e estilo de vida. Aqui, você encontrará o primeiro episódio:

O DESAFIO ARMÁRIO CÁPSULA (2018). Disponível em: https://www.youtube.com/watch?v=w3K4se7geK1 (acesso em: 27 jul. 2025).

#TRANSPIRAÇÃO

Que tal viver com um guarda-roupa mais enxuto e funcional? Menos peças, mais combinações e um consumo de moda muito mais consciente.

Se você se animou com a ideia de testar um armário-cápsula, a gente preparou um material especial para ajudar nesse processo: um *planner* simples e prático para organizar suas peças, montar combinações e enxergar não só tudo o que você realmente precisa, mas o que pode deixar para trás. Baixe o *planner* no link a seguir e monte seu próprio desafio. Vale fazer por uma semana, um mês ou o tempo que quiser. O importante é começar!

PLANNER – DESAFIO ARMÁRIO CÁPSULA. Disponível em: https://www.menos1lixo.com.br/armario-capsula (acesso em: 12 set. 2025).

Lembre-se: reduzir não é abrir mão de estilo, é descobrir o que realmente combina com você e com o planeta.

PARA QUEM QUER IR ALÉM

- Faça o "desapega do mês": escolha uma categoria (livros, roupas, objetos) e desapegue do que não usa há mais de um ano.
- Reflita antes de comprar: "Eu preciso disso agora?"; "Isso tem a ver com quem eu sou ou com quem disseram que eu deveria ser?".
- Busque trocar em vez de comprar: brechós, grupos de doação, feiras de troca.
- Pratique o "não": você pode recusar brindes, sacolas, panfletos e tudo o que sabe que vai virar tralha.
- Cultive vazios: espaços sem nada também são paisagens. E respiros.

Capítulo 6

Seu dinheiro é um superpoder. Consumir é votar, todo dia

Muita gente ainda associa sustentabilidade apenas ao consumo – de água, de energia, de recursos, de coisas. Mas, como já falamos e vamos repetir intencionalmente, sustentabilidade é uma lente para enxergar o mundo. E, quando olhamos por essa lente, percebemos que o que fazemos com o nosso dinheiro é uma das formas mais potentes de escolher que mundo queremos fortalecer.

O dinheiro que gastamos é, no fundo, uma extensão da nossa energia. Cada vez que você compra algo, não está só levando um produto para casa. Está alimentando uma cadeia de produção, transporte, embalagem, trabalho, cultura e valores.

Mesmo sem perceber, toda compra é uma mensagem. Você está dizendo: "Eu apoio esse jeito de fazer as coisas".

É só quando a gente começa a investigar de onde vêm os produtos que compra que percebe o quanto, sem querer, fortalece sistemas que não têm nada a ver com aquilo em que acredita. Mas o contrário também é verdadeiro: *cada real gasto com consciência é uma semente plantada em direção ao mundo que a gente quer.*

Aqui é importante trazer um olhar muito honesto: *nem todo mundo tem o mesmo poder de escolha*. O preço dos alimentos, dos serviços, da energia, da moradia não é só questão de mercado. É uma questão política. O que encarece ou barateia as coisas passa pelos subsídios que os governos escolhem dar.

Para você ter uma ideia, o Brasil gasta bilhões todos os anos subsidiando combustíveis fósseis, como petróleo, gás e carvão (energia suja, cara e que destrói o meio ambiente), enquanto a agricultura familiar, que alimenta mais de 70% dos brasileiros e que poderia ser a base de uma alimentação mais saudável e regenerativa, recebe uma fração mínima dos recursos públicos.

Por isso, é verdade que nossas escolhas individuais importam. Mas também é verdade que não basta só escolher melhor no supermercado. *É preciso pressionar governos e empresas para que mudem as regras do jogo.*

O que seria uma verdadeira revolução econômica? Redirecionar subsídios e investimentos públicos para aquilo que realmente importa:

- energias renováveis, limpas e acessíveis;
- agricultura familiar e agroecológica;

- transporte coletivo e de baixo carbono;
- infraestrutura sustentável nas periferias;
- economia circular, regenerativa e inclusiva.

O nosso dinheiro vota todos os dias. Mas o nosso voto também precisa escolher quem, nas cadeiras do poder, vai investir o dinheiro público no que faz a vida florescer – e não no que mantém o colapso acontecendo.

Se não olharmos para isso, caímos na armadilha de achar que sustentabilidade é só trocar o canudo, o copo ou a sacola. Não é. É redistribuir poder, dinheiro e recursos para que o futuro seja possível e desejável. Para todo mundo.

Portanto, sim, escolha comprar de negócios locais, regenerativos, de mulheres, de pretos, de indígenas, de cooperativas, de quem cuida da terra e das pessoas. Mas também, sim, pressione. Organize-se em coletivos. Participe. Porque o nosso dinheiro é um superpoder, assim como a nossa cidadania.

No fim das contas, cada real é um voto.

Cada compra é uma mensagem.

E toda economia é, no fundo, uma escolha coletiva sobre o que a gente quer sustentar: *o colapso ou a regeneração.*

O que você está financiando?

Essa pergunta pode parecer dura, mas é urgente.

Quando você compra de uma grande rede que explora mão de obra, polui rios ou lucra com desmatamento, seu dinheiro está ajudando esse modelo a crescer.

Quando você compra de uma cooperativa, de uma marca local, de um produtor que respeita o tempo da terra, está fortalecendo outra lógica: a da regeneração.

E isso vale para tudo:

- o supermercado em que você compra;
- o banco em que seu dinheiro dorme;
- os produtos com que você presenteia;
- os aplicativos que você usa.

Você não precisa se tornar especialista em finanças éticas, mas pode começar a se questionar como suas atividades impactam a sociedade e o meio ambiente.

O IMPACTO INVISÍVEL DO DINHEIRO

- O consumo das famílias representa cerca de 65% do PIB brasileiro, segundo o IBGE.[1]
- Cada compra movimenta cadeias produtivas, empregos, energia e recursos naturais.
- 174 empresas, na sua maioria bancos, controlam 40% do comércio mundial.[2]
- Bancos comerciais são os maiores financiadores de combustíveis fósseis no mundo, segundo relatório de 2023 elaborado pela Rainforest Action Network.
- Já parou para pensar que seus investimentos e reservas podem estar financiando desmatamento, agronegócio predatório e mineração?
- Atualmente, já existem bancos e *fintechs* com políticas de não financiamento de indústrias poluentes.

[1] IBGE, 2025.

[2] Vitali; Glattfelder; Battiston, 2011.

#INSPIRAÇÃO

Tudo começou com uma furadeira e a pergunta: por que comprar algo que a gente usa tão pouco?

Foi assim que nasceu a Leila, a primeira biblioteca de objetos do mundo, em Berlim. Em vez de livros, lá você encontra ferramentas, utensílios de cozinha, equipamentos de camping e muito mais – tudo para emprestar.

A ideia é simples e genial: compartilhar em vez de acumular. Uma inspiração linda para repensar nossos hábitos de consumo e fortalecer a cultura do coletivo.

Conheça melhor a iniciativa no vídeo:

BIBLIOTECA DE OBJETOS (2016). Disponível em: https://www.youtube.com/watch?v=tP12KoW1CEE (acesso em: 29 jul. 2025).

E se a sua vizinhança tivesse uma Leila também?

#TRANSPIRAÇÃO

Já pensou em organizar uma feira de trocas?

Pode ser entre amigos, vizinhos do prédio ou até entre os pais da escola (especialmente para trocar brinquedos que já não são mais usados). É uma forma divertida, afetuosa e sustentável de dar novos usos ao que já existe, sem precisar comprar nada novo.

Escolha um lugar, marque uma data e espalhe a ideia! Vale trocar roupas, livros, brinquedos, utensílios – o que fizer sentido no seu círculo.

Além de evitar o descarte, você ainda fortalece os laços com a comunidade. Trocar é um gesto poderoso de cuidado com o outro e com o planeta.

PARA QUEM QUER IR ALÉM

- Compre de quem está próximo: feiras, cooperativas, pequenos negócios.
- Pesquise marcas. Têm selo? Têm transparência? Têm coerência?
- Priorize produtos duráveis, reparáveis e compostáveis.
- Evite o "barato que sai caro": valorize o que é feito com cuidado.
- Conheça bancos e serviços financeiros alinhados com causas em que você acredita.
- Compartilhe suas boas descobertas: boca a boca também é ferramenta de impacto.

Parte 3

OUTROS PAPÉIS PARA UM NOVO MUNDO

Capítulo 7

Crianças em tempos de crise climática: criar futuros possíveis

Cuidar de uma criança já é, por si só, um exercício diário de presença, dúvida, entrega e reinvenção.

Cuidar de uma criança em meio a uma crise climática, ecológica, social e simbólica é, sem exagero, uma das tarefas mais desafiadoras e mais revolucionárias do nosso tempo.

Porque não é só sobre criar uma criança. É sobre criar um *futuro possível*.

E como é que a gente explica para nossas crianças que o mundo onde elas estão crescendo é um mundo que está em colapso?

Como proteger sem alienar?

Como preparar sem apavorar?

Como educar para ter esperança sem fingir que os problemas não existem?

Essas dúvidas não são só de quem tem filhos; são de quem cuida, de quem se responsabiliza, de quem entende que educar é, também, regenerar. Uma lente, uma forma, um núcleo, uma sociedade.

Uma questão que tem assombrado muitas pessoas é a incerteza do mundo onde nossas crianças, cidadãs do futuro, viverão – já existe inclusive um termo para esse sentimento de aflição em relação à segurança do futuro climático: *ecoansiedade*. Para termos noção de como isso é sério, uma pesquisa realizada em 2021 pela Universidade de Stanford junto com mais cinco instituições ouviu 10 mil pessoas entre 16 e 25 anos em dez países e revelou que as mudanças climáticas afetam negativamente a intenção de ter filhos de 48% dos brasileiros entrevistados (a maior proporção da lista, bem acima da média de 39% entre as nacionalidades pesquisadas).[1]

Sim, uma nova forma de viver é possível, e despertar nas crianças o engajamento e a consciência para o meio ambiente faz parte desse processo. Se elas têm exemplos em casa e estão cercadas de pessoas que atuam todos os dias para sensibilizar pessoas, empresas e governos sobre as questões ambientais, também podem contribuir para tornar o planeta um lugar melhor.

---

[1] Mudança [...], 2021.

É preciso lembrar, no entanto, que educar não é programar. É semear. É confiar que, mesmo que em algum momento as novas gerações pareçam indiferentes, lá na frente as sementes vão brotar. O que realmente importa são os valores que plantamos: o senso de justiça, o respeito pela vida, a empatia pelas outras espécies e a ideia de que o mundo pode, e deve, ser mais justo, mais sustentável e, por que não, regenerativo.

No fim das contas, é o amor que costura tudo isso. É ele que dá sentido, que segura a onda, que constrói a ponte entre a utopia e o cotidiano. O amor é a raiz profunda que fica, mesmo quando os ventos da vida parecem soprar na direção contrária. É ele que habita o coração dos nossos filhos e de toda criança que cresce cercada por cuidado, afeto e propósito.

O COLAPSO NÃO É UMA METÁFORA

- A geração de crianças que nasce hoje viverá, em média, *7 vezes mais ondas de calor, 3 vezes mais enchentes e 2 vezes mais incêndios florestais* do que seus avós, segundo artigo publicado na revista *Science* em 2021.
- 1 em cada 4 crianças no mundo já vive em regiões de alto risco climático e hídrico, de acordo com o Fundo das Nações Unidas para a Infância (Unicef).

HAJA COCÔ POR AÍ

Você sabia que uma criança utiliza em média 5.500 fraldas durante seus 2,5 primeiros anos e meio de vida? Esse número equivale a 400 quilos só de fraldas, e a taxa de reciclagem desse item é zero – isso dá arrepio só de pensar!

Vamos a alguns dados sobre esse assunto:

- Fraldas levam cerca de 450 anos para se decompor.
- A cada 5.500 fraldas produzidas, cinco árvores são derrubadas.
- Em média, 2% do lixo recolhido corresponde a fraldas descartáveis. Faça as contas: o município de São Paulo, de acordo com a prefeitura da cidade, produz 12 mil toneladas diárias de lixo, portanto, 240 toneladas são só de fraldas descartáveis.[2]
- Um bilhão de árvores são usadas, no mundo inteiro, por ano, para suprir a indústria de fraldas. Você consegue visualizar quanto, em termos de volume e espaço, um bilhão de fraldas ocupa?
- No processo de branqueamento da polpa de madeira para fabricação de papel – que também é utilizado nas fraldas –, há liberação de dioxinas. Isso também ocorre caso o lixo plástico (leia-se, fraldas descartáveis) seja queimado.

A boa notícia é que esse é um problema relativamente fácil de resolver, pois hoje existem ótimas fraldas reutilizáveis!

---

[2] Multinacional [...], 2022.

Cuidar de crianças como um ato regenerativo

Educar crianças na atualidade não é só prepará-las para um mundo competitivo, produtivista e acelerado, é equipá-las para navegar em um planeta em transformação, cheio de desafios, mas também repleto de possibilidades de regeneração.

É muito mais do que ensinar a reciclar. É oferecer ferramentas emocionais, práticas e simbólicas para que elas compreendam que não são só parte da causa do colapso, mas também sementes da regeneração.

Quando a gente ensina nossas crianças a fazer compostagem, não estamos só evitando lixo. Estamos ensinando ciclos. Transformação. Ensinando como tudo que parece fim pode, na verdade, ser começo.

Quando elas plantam uma semente, entendem que a vida tem tempo. Que não dá para apertar um botão e colher amanhã. Que tudo cresce do cuidado, não da pressa.

Quando aprendem que um brinquedo pode ser consertado, descobrem que quase nada na vida precisa ser descartado facilmente. Aprendem sobre resiliência, sobre criatividade, sobre reparar, não só coisas, objetos, mas relações, vínculos, afetos.

Agir para isso vai muito além do lixo. Envolve também:

- cozinhar junto, entender junto com elas de onde vem o alimento, como ele se transforma, como vira cuidado;
- cultivar a presença na hora das refeições, sem telas, fazendo do ritual da comida um ato de conexão;
- questionar a cultura do "ter sempre mais", mostrando que elas não precisam do brinquedo da moda para serem aceitas nem da última roupa lançada para serem felizes;
- ensinar que a diversão não está só em comprar, mas em criar, inventar, transformar;
- ter contato com a natureza, para entender, na prática, que somos natureza e que cuidar dela é, no fundo, cuidar de nós mesmos;
- ensinar que tempo livre, ócio, tédio e silêncio são fundamentais, porque é daí que também pode nascer a criatividade, a imaginação e a capacidade de sonhar outros mundos.

Nossas crianças não precisam ser treinadas para caber em um sistema doente. Elas precisam ser nutridas para imaginar – e construir – um sistema novo. E para entender que, mesmo no meio do caos, dá para escolher o cuidado. Mesmo diante de tanta coisa que parece perdida, sempre existe algo que pode ser cultivado.

Cuidar de crianças neste mundo é isto: *um gesto diário de dizer para o futuro que a vida importa.*

E o futuro não está pronto.

O futuro *nasce agora, seja na palma da mão, no balde da composteira, no chão da varanda, no colo, na conversa, no gesto.*

Nossas crianças estão nos olhando. Não para ouvir o que dizemos. Mas para ver *como escolhemos viver*.

CRIANÇAS QUE REGENERAM

- No documento *Educação para o desenvolvimento sustentável: um roteiro*, a Organização das Nações Unidas para a Educação, a Ciência e a Cultura (Unesco) aponta que crianças expostas desde cedo a práticas sustentáveis (horta, compostagem, consumo consciente) desenvolvem mais empatia, cooperação e pensamento sistêmico.
- Ainda segundo o documento, educação ambiental na infância é o maior fator de mudança de comportamento socioambiental ao longo da vida adulta.

#INSPIRAÇÃO

Quem disse que é preciso ser adulto para mudar o mundo?

A indonésia Melati Wijsen tinha apenas 12 anos quando criou o movimento Bye Bye Plastic Bags com sua irmã, mobilizando escolas, comunidades e o governo de Bali para banir o uso de sacolas plásticas na ilha.

E ela não está sozinha. No Brasil, crianças e adolescentes também estão criando soluções incríveis para proteger o meio ambiente, plantando árvores, limpando rios e levando educação ambiental para dentro das escolas. Em Ipojuca (PE), por exemplo, estudantes integram um projeto que leva à população possibilidades de transformar resíduos sólidos em produtos rentáveis. Os estudantes desenvolveram um aplicativo que fornece consultoria aos usuários visando à produção e venda desses produtos.

Se quiser saber mais sobre essa e outras iniciativas brasileiras envolvendo crianças e adolescentes, acesse a matéria:

10 INICIATIVAS DE CRIANÇAS E ADOLESCENTES QUE PROTEGEM O MEIO AMBIENTE (2022). Disponível em: https://criativosdaescola.com.br/10-iniciativas-de-criancas-e-adolescentes-que-protegem-o-meio-ambiente/ (acesso em: 28 jul. 2025).

#TRANSPIRAÇÃO

Quer uma forma leve e divertida de viver a sustentabilidade com as crianças?

Brincar de fazer com as mãos é um ótimo começo! A artista e mãe Estéfi Machado é referência nisso, com tutoriais simples, criativos e lindos que reaproveitam materiais que iriam para o lixo.

Na pandemia ela criou um guia cheio de ideias chamado *Kit de sobrevivência para uma quarentena brincante*. Vale a pena dar uma pesquisada, conferir as ideias e chamar uma criança para brincar.

Outra dica poderosa? Passear na natureza. Uma vez por semana (ou por mês, se for o possível), escolha um momento para se desconectar das telas e se reconectar com o verde, mesmo que seja em uma praça, um parque ou em uma trilha leve. É nessa vivência que o amor e o cuidado com o planeta florescem de verdade.

Coloque a mão na massa e o pé na terra e aproveite cada instante!

PARA QUEM QUER IR ALÉM

- **Inclua as crianças no processo**: na separação do lixo, no cuidado com plantas, na cozinha, na compra de alimentos.
- **Converse sobre o mundo com honestidade e esperança**: não subestime nem superproteja. Diga a verdade, mas mostre que existem soluções e caminhos.
- **Cultive rituais de conexão com a natureza**: mesmo que você more na cidade, reserve um tempo com as crianças para cuidar de uma planta em um vaso, observar a lua, passear no parque, pisar na terra.
- **Ensine sobre suficiência, não sobre escassez**: não é sobre "ter pouco porque o mundo vai acabar", é sobre "ter o suficiente porque a vida é mais do que acumular coisas".
- **Dê espaço para o brincar livre**: menos tela, mais imaginação. Mais corpo, mais natureza, mais conexão.
- **Mostre que o cuidado é coletivo**: cuidar não é uma função isolada, individual. É um pacto social, cultural e regenerativo.

Capítulo 8

Negócios e seus impactos: toda empresa constrói um mundo. Mas qual?

Por muito tempo, a gente acreditou que as empresas eram espaços neutros, que existiam apenas para produzir, empregar, vender e lucrar. Máquinas racionais, sem alma, sem ideologia, sem responsabilidade pelo que acontecia fora dos muros das fábricas e escritórios.

Mas a verdade é que não existe negócio neutro. Toda empresa, grande ou pequena, gera impacto. Ambiental, social, cultural, emocional. Impactos muitas vezes invisíveis que se espalham em cadeia: nas ruas, nas casas, nos ecossistemas, na saúde mental das pessoas e nas desigualdades do país.

O CUSTO INVISÍVEL DOS NEGÓCIOS

- 71% das emissões de gases de efeito estufa vêm de apenas *100 empresas no mundo*.[1]
- De acordo com a Agência de Proteção Ambiental dos Estados Unidos, as cadeias de suprimentos são responsáveis por até 90% do impacto ambiental de uma empresa.[2]
- Menos de *20% das empresas no Brasil* possuem uma política ambiental ativa e transparente.[3]

Se os negócios constroem o mundo, então a pergunta que realmente importa não é só "quanto essa empresa lucra?", mas também "que mundo essa empresa está ajudando a construir?".

Essa virada de chave já começou. E é disso que falamos quando mencionamos negócios de impacto: empresas que entenderam que o lucro não precisa acontecer apesar do mundo, mas, sim, junto dele. Que não dá para prosperar num planeta em colapso ou ignorar que suas operações afetam a vida de milhares de pessoas, direta ou indiretamente.

É aí que entram movimentos como o das empresas B, que estão redefinindo o sucesso nos negócios. Ser B é se comprometer legalmente com um novo pacto: gerar lucro, sim, mas também gerar valor para as pessoas e para o planeta. É olhar para fornecedores, colaboradores, consumidores

[1] Heede; Layke; Ekwurzel, 2018.
[2] United States, 2025.
[3] Faria, 2021.

e comunidades como parte do mesmo ecossistema. É agir com responsabilidade, com coerência, com visão de futuro. Ao contrário das empresas tradicionais, que priorizam apenas os resultados financeiros, as empresas B são certificadas por uma organização internacional chamada B Lab e assumem um compromisso com altos padrões de desempenho social e ambiental, com a transparência e à responsabilidade legal.

Mas o que move tudo isso são as pessoas dentro das empresas. A transformação não acontece só na estratégia ou no topo da hierarquia. Ela acontece nos corredores, nas ideias que brotam nos times, nas conversas que ninguém vê. E é aí que entra o intraempreendedorismo: quando alguém, mesmo sem o "poder da caneta", tem coragem de propor, questionar, criar e empurrar as engrenagens para uma nova direção.

Às vezes, tudo começa com um gesto pequeno: mudar um fornecedor, propor um programa de reciclagem, incluir diversidade na cadeia, chamar para uma roda de escuta, criar uma política interna mais justa. Isso é impacto. Isso é liderança. Isso é construir um novo mundo dentro do velho. Não existe trabalho neutro. Não existe empresa neutra. Ou estamos colaborando para manter o velho sistema – o extrativismo, a desconexão, a destruição –, ou estamos construindo o novo, no qual negócios servem para sustentar a vida, e não o contrário. E o mundo precisa, mais do que nunca, de quem escolhe construir o novo.

O que você como trabalhador, empresário ou empreendedor tem feito para construir uma nova realidade?

ESG, *GREENWASHING* E NOVA ECONOMIA

- ESG é uma sigla que significa *environmental, social and governance*, ou ambiental, social e governança. Estes seriam os três pilares nos quais as empresas deveriam se pautar na hora de tomar decisões nos negócios. Eles apontam para a forma como uma instituição se relaciona com o meio ambiente e cuida dele, mas não só: também indicam como ela se posiciona em relação a condições de trabalho, representatividade, inclusão e ética. Uma empresa que tem práticas sólidas de ESG é, então, melhor para o planeta e para as pessoas. Hoje a ESG é um aspecto que valoriza, inclusive, as ações das empresas no mercado financeiro. O problema é que, muitas vezes, o que deveria ser um compromisso institucional real vira apenas marketing vazio.
- O *greenwashing*, ou maquiagem verde, prática de parecer sustentável sem ser, cresceu 33% desde 2015 na União Europeia, mas teve seu primeiro ano de redução em 2024 por causa de legislações como a Green Claims Directive.[4]
- O setor bancário e de serviços financeiros reduziu em 20% os incidentes de *greenwashing* ligados ao clima, depois de um salto de 70% em 2023.[5]
- A nova economia precisa ser mais que sustentável: *precisa ser regenerativa, inclusiva e justa*.

---

[4] Reprisk, 2024.
[5] Reprisk, 2023.

No fim das contas, o que se espera das empresas é o mesmo que se espera das pessoas: responsabilidade, empatia e um compromisso real com a vida. Porque negócios constroem mundos. E o nosso compromisso é ajudar a construir um mundo onde todos caibam, com dignidade, com justiça e com regeneração.

As empresas concentram poder, recursos e influência, e sem elas não viramos esse jogo. E, talvez, seu atual e verdadeiro papel seja este: ser parte da solução. Ser agente de regeneração. Ser o lugar onde lucro e propósito se encontram e onde o trabalho das pessoas se transforma em legado.

#INSPIRAÇÃO

Tem gente que transforma o jeito de fazer negócio colocando o coração, o propósito e o cuidado no centro da estratégia. Conheça três empreendedores brasileiros que mostram que é possível gerar impacto positivo, inclusão e regeneração a partir das suas escolhas. Eles provam que fazer diferente é possível, e necessário.

- **Ricardo Semler**: ícone da gestão democrática no Brasil, Semler revolucionou tanto a Semco quanto a Escola Semler com processos participativos e autogestão. Sua visão de "sabedoria radical" vai além do lucro para transformar empresas, escolas e vidas. Conheça mais assistindo ao TED:

SABEDORIA RADICAL PARA UMA EMPRESA, UMA ESCOLA, UMA VIDA (2015). Disponível em: https://www.youtube.com/watch?v=k4vzhweOefs (acesso em: 28 jul. 2025).

- **Tati Leite**: é cofundadora da Benfeitoria, plataforma de financiamento coletivo para projetos de impacto. No TEDx, ela fala sobre como empresas e comunidades podem financiar uma transformação real e colaborativa.

99% + 1%: O PRÓXIMO PASSO DA REVOLUÇÃO COLABORATIVA (2012). Disponível em: https://www.youtube.com/watch?v=r-2yzQZitSM (acesso em: 28 jul. 2025).

- **João Pacífico**: criador do Grupo Gaia, empresa B do setor financeiro. João mostra que é possível unir lucro e afeto. Sua liderança é baseada em empatia, transparência e redistribuição: 20% do lucro vai para trabalhos sociais. Vale ler seu livro:

ONDA AZUL: 5 PASSOS PARA INSPIRAR PESSOAS E FAZER UM MUNDO MELHOR (São Paulo: Trilha das Letras, 2018).

#TRANSPIRAÇÃO

Qual é o seu papel diante disso?

A transformação também passa pelo lugar onde você trabalha. Que tal olhar com mais atenção para os resíduos gerados por lá?

A empresa ainda usa copos descartáveis? Imprime mais do que precisa? É possível propor pequenas mudanças, mas que têm grande impacto, como substituir descartáveis por reutilizáveis, organizar pontos de coleta seletiva ou incentivar a digitalização de documentos?

Puxe uma conversa com o time, monte uma minicampanha interna ou simplesmente comece dando o exemplo. Toda empresa pode ser mais consciente. E você pode ser o agente que planta essa semente.

Que tal começar pelo seu espaço?

PARA QUEM QUER IR ALÉM

- Reveja processos, fornecedores, materiais e logística.
- Busque priorizar cadeias locais, circulares e regenerativas.
- Pratique uma transparência real (não só no discurso, mas nas decisões).
- Comece a medir impactos não só financeiros, mas sociais e ambientais.
- Trabalhe pela inclusão: diversidade de gênero, raça, território e visão de mundo.
- Cuide das pessoas dentro da empresa. Bem-estar não é benefício, é estrutura.
- Esteja disposto a rever, refazer, recomeçar – sustentabilidade é caminho, não destino.

Capítulo 9

Sustentabilidade sem inclusão é jardinagem. Justiça climática já!

Quando a gente fala em crise climática, precisa entender que ela não afeta todo mundo do mesmo jeito. O colapso tem cor, gênero, classe e CEP. E, no Brasil, isso fica ainda mais escancarado.

Pessoas negras, indígenas, periféricas, ribeirinhas, quilombolas, mulheres, idosos e crianças são os grupos mais impactados. Eles não escolheram viver em áreas de risco, o próprio sistema é que os empurrou para lá. Faltam políticas públicas, moradias dignas, saneamento básico, energia limpa, segurança alimentar e acesso aos direitos mais básicos.

O que a gente vive atualmente é mais do que uma emergência climática, é uma emergência social. E é isso que chamamos de injustiça climática: os que menos contribuíram para o problema são os que mais sofrem com as consequências.

Só para termos uma ideia, de acordo com o relatório *Igualdade climática: um planeta para os 99%*, do Comitê de Oxford para o Alívio da Fome (Oxfam), as emissões do 1% mais rico do planeta são tão altas que, sozinhas, serão responsáveis por 1,3 milhão de mortes ligadas ao calor até 2100. Elas equivalem às emissões de 66% da população mais pobre do mundo. Outra informação impactante é: levaria 1.500 anos para uma pessoa comum emitir a mesma quantidade de gás carbônico que um bilionário emite em apenas um ano. E aqui, na América Latina, o Brasil é líder em deslocamentos internos provocados por desastres climáticos – só em 2022, mais de 700 mil pessoas, vítimas de enchentes, deslizamentos e eventos extremos, foram obrigadas a deixar suas casas.

Quando olhamos para os dados, fica claro que nada disso é uma casualidade. É projeto. Um projeto de um modelo econômico que concentra riqueza, lucra com destruição e ainda joga a conta do colapso nas costas dos mais pobres.

Por isso, falar de justiça climática é entender que **não existe sustentabilidade sem inclusão**.

A solução precisa nascer dos territórios. Precisa ouvir quem vive na linha de frente da crise. E precisa, acima de tudo, redistribuir poder, recursos e decisões.

Isso envolve exigir que os bilhões de dólares que atualmente subsidiam combustíveis fósseis e grandes indústrias poluentes sejam realocados para aquilo que realmente importa:

- agricultura familiar e agroecológica, que alimenta 70% dos brasileiros;
- energia limpa e acessível, principalmente nas periferias;
- moradia segura, saneamento básico e infraestrutura nas áreas mais vulneráveis;
- políticas de adaptação climática, gestão de risco e prevenção de desastres.

Afinal, reiteramos: ninguém mora em área de risco porque quer viver perigosamente. As pessoas estão lá porque o sistema não lhes ofereceu outra opção.

Falar de justiça climática é, portanto, falar de equidade, de direitos, de reparação. É entender que o problema não é só ambiental, é social, econômico, histórico e estrutural.

E a luta climática só faz sentido se for, antes de tudo, uma luta por justiça.

Sem justiça, não há clima. Sem inclusão, não há futuro.

O acesso à água, ao saneamento, à moradia digna, à alimentação saudável, à mobilidade, à educação, tudo isso é pauta ambiental.

Quando falamos de lixo, não é só sobre separar resíduos. É sobre garantir que ninguém precise viver do lixo. Que a coleta seletiva chegue na periferia, na comunidade, no interior, e não só nos bairros de classe média.

Quando falamos de alimentação sustentável, não é só sobre comer orgânicos. É sobre garantir que todo mundo tenha direito à comida de verdade, e não só quem pode pagar muito mais do que a média em um pé de alface.

Quando falamos de futuro, não pode ser um futuro em que meia dúzia vive em bolhas verdes enquanto o resto luta por migalhas.

A gente convida você pra olhar de frente pra realidade de alguns números:

DADOS QUE NÃO CABEM NA ECOBAG

- Desastres climáticos aumentaram 250% no Brasil entre 2021 e 2024, aponta estudo feito pela Aliança Brasileira pela Cultura Oceânica.[1]
- 70% das populações mais afetadas por enchentes, secas e deslizamentos são negras e periféricas, dado obtido pela Our World in Data.[2]
- Enquanto os 10% mais ricos geram mais de 50% das emissões, os 50% mais pobres são os que mais sofrem os impactos, de acordo com a Oxfam.[3]
- No Brasil, mais de *35 milhões de pessoas vivem sem acesso à água tratada*, segundo o Instituto Trata Brasil.[4]

[1] Desastres [...], 2023.
[2] Ritchie; Rosado; Roser, 2024.
[3] Oxfam, [202-].
[4] Freitas; Magnabosco, 2023.

- Quase *100 milhões de pessoas* não têm acesso a coleta e tratamento de esgoto.
- *Uma em cada quatro mulheres* não tem acesso à água tratada ou não é abastecida com regularidade.
- Cerca de *30% das cidades brasileiras não têm coleta seletiva*, de acordo com dados obtidos pela Datafolha em 2024.[5]

E o que isso tem a ver com você?

Tudo.

Porque não dá para construir futuro olhando só para si. A gente é parte de um coletivo, e, se temos privilégios, temos também responsabilidade de usar nossa voz, nossos recursos, nossas oportunidades para puxar quem não tem o mesmo acesso.

Já pensou no impacto positivo de colocar seus ativos a serviço do todo? Isso é revolucionário! E a gente pode fazer já!

Sustentabilidade sem justiça social não se sustenta.

É como cuidar apenas do jardim enquanto a casa inteira precisa de atenção.

Se a gente quer, de verdade, construir um futuro, ele precisa ser para todo mundo, e não para poucos.

Porque um futuro que não inclui todas as pessoas, todos os territórios e todas as realidades simplesmente não é futuro.

[5] Mena, 2024.

#INSPIRAÇÃO

Quem provavelmente mais vai sofrer o impacto da crise climática que vivemos é a juventude. Muitos jovens já entenderam isso e tornaram-se lideranças ambientais. Aqui apresentamos três mulheres potentes, vindas de contextos distintos, que vale a pena conhecer e acompanhar:

- **Txai Suruí (Brasil, povo Paiter Suruí)**: ativista indígena e defensora da floresta, atua junto ao Instituto MapBiomas e à associação Kanindé e foi a única brasileira a discursar na abertura da COP26, na Escócia, em 2021. Assista à sua fala no evento:

"DEVEMOS ESTAR NOS CENTROS DAS DECISÕES", DIZ TXAI SURUÍ NA COP26 (2021). Disponível em: https://www.youtube.com/watch?v=1gnUH7HNBAU (acesso em: 28 jul. 2025).

- **Amanda Costa**: potência da periferia brasileira no debate climático global. Nascida na Brasilândia, zona norte de São Paulo, aos 20 anos ela fundou o coletivo Perifa Sustentável, com a missão de levar o debate sobre mudanças climáticas para onde ele quase nunca chega: as periferias. Conheça melhor a Amanda assistindo à sua conferência no TEDx Talks:

PRECISAMOS FALAR SOBRE O RACISMO AMBIENTAL (2022). Disponível em: https://www.youtube.com/watch?v=3aEFKgGML-o (acesso em: 28 jul. 2025).

- **Marcele Oliveira**: voz potente da periferia carioca no debate climático global. Com apenas 26 anos, ela foi escolhida como Jovem Campeã Climática da COP30, em Belém, representando a juventude e as comunidades periféricas nas negociações internacionais. Seu ativismo começou em Realengo, no estado do Rio de Janeiro, onde nasceu, mobilizando a comunidade e o poder público para a criação de um parque verde. Conheça melhor a Marcele nesta entrevista:

"O MUTIRÃO PELO CLIMA É UMA MUDANÇA DE PENSAMENTO" (2025). Disponível em: https://cop30.br/pt-br/noticias-da-cop30/marcele-oliveira-o-mutirao-pelo-clima-e-uma-mudanca-de-pensamento (acesso em: 12 set. 2025).

#TRANSPIRAÇÃO

E se a transformação começasse no seu pedaço?

Você não precisa esperar uma COP para começar um mutirão pelo clima. Que tal mobilizar a sua comunidade, seja no trabalho, na escola, na rua ou no grupo do bairro?

Comece pequeno:

- organize uma roda de conversa sobre meio ambiente e justiça climática;
- proponha um mutirão de limpeza ou revitalização de um espaço comum;
- promova uma oficina com crianças ou adolescentes sobre resíduos, reciclagem ou hortas urbanas;
- chame as pessoas para pensar juntas: o que podemos mudar aqui e agora?

A ideia é fazer barulho, com afeto, com ação, em comunidade.

Agora... se você não tem tempo, tudo bem. Nem toda transformação precisa começar com os dois pés na rua.

Você pode começar com um gesto simples, mas poderoso: doar.

Você pode fazer doações em dinheiro para um coletivo de jovens pelo clima, uma cooperativa de catadores, uma ONG que atua com justiça ambiental ou um projeto socioambiental da sua cidade. Procure quem já está na linha de frente e ajude a fortalecer quem já está fazendo acontecer.

A mudança também vem com dinheiro, sim! Mas dinheiro que circula com propósito, que regenera territórios e sustenta sonhos coletivos.

Transformar o mundo começa quando a gente se envolve, com o corpo, com o tempo ou com o bolso.

PARA QUEM QUER IR ALÉM

- Se você é consumidor, questione não só o material da embalagem, mas *quem faz, quem lucra e quem sofre nesse processo.*
- Se você é empresa, não basta fazer campanha de sustentabilidade, *é preciso olhar para inclusão, diversidade, justiça social dentro e fora dos muros.*
- Se você é governo ou trabalha em políticas públicas, precisa entender que a pauta climática não é só ambiental, também se relaciona à saúde, segurança, educação e moradia.
- Apoie e fortaleça movimentos de base, catadores, cooperativas, redes de agricultura familiar e economia solidária.
- Vote pensando no coletivo, na preservação ambiental, mas não só: pressione governos e empresas por políticas públicas de coleta, saneamento, energia limpa, mobilidade acessível e gestão de resíduos para todos os territórios.
- Pratique o consumo responsável não só olhando para o meio ambiente, mas também para quem está na ponta da cadeia.
- Entenda que sustentabilidade não é salvar o planeta, é salvar a possibilidade de uma vida digna, justa e saudável para todas as pessoas.

Parte 4

REGENERAR É O CAMINHO

Capítulo 10

Antes de sustentar, precisamos regenerar

Se você chegou até aqui, já percebeu uma coisa muito importante: a palavra *sustentabilidade*, do jeito que ela tem sido usada, não dá mais conta do tamanho do desafio que temos pela frente.

Não entenda mal. Tudo aquilo que você faz – reciclar, compostar, consumir com mais consciência, carregar uma ecobag e um copo reutilizável – é essencial. Sim, faz parte. E muito. Mas a pergunta que começa a martelar é:

O que exatamente estamos tentando sustentar?

Porque se for para sustentar um modelo que lucra com a destruição, que concentra riqueza, que se alimenta da escassez, da exploração e da desigualdade, então talvez não faça tanto sentido assim.

Sustentar o quê? Para quem?

Se olharmos com honestidade, veremos que o modelo econômico, social e cultural que nos trouxe até aqui é baseado na desconexão. E desconexão gera morte:

- morte dos rios, das florestas, dos solos;
- morte dos vínculos, das culturas, das comunidades;
- morte das possibilidades de futuro.

E aí fica claro: sustentar isso não é sustentável.

Por isso, antes de falar de sustentabilidade, talvez a pergunta mais honesta seja: o que precisa ser abandonado para que a vida, de fato, continue?

A virada de chave: da sustentabilidade para a regeneração

Como já colocamos aqui, a palavra *sustentabilidade* ficou famosa nos anos 1990 como uma proposta para equilibrar crescimento econômico com responsabilidade ambiental e justiça social. Era o "tripé" que prometia viabilizar o futuro: preservar o planeta, garantir direitos e, junto com isso, crescer.

Mas, com o tempo, esse conceito foi esvaziado.

A sustentabilidade virou, muitas vezes, um departamento isolado dentro das empresas, uma palavra bonita em embalagens verdes, um selo no rótulo; enquanto isso, o modelo de produção e consumo seguia o mesmo: extrativista, acelerado, desconectado da vida.

A verdadeira sustentabilidade precisa ir além da tentativa de "fazer menos mal". Ela precisa cuidar do que sustenta a vida.

Nunca é demais reiterar: sustentabilidade, do jeito que acreditamos, é uma mudança de lente.

É enxergar o mundo como uma rede viva e interdependente.

É entender que nossas escolhas não são isoladas: elas tocam o solo, a água, o corpo, o outro, o futuro.

Por isso, a sustentabilidade que nos interessa é aquela que começa no cotidiano. E se expande.

Que recusa o descartável e também questiona o sistema que normaliza o uso único.

Que brota numa horta e também luta por soberania alimentar.

Que planta árvores e também reconstrói vínculos e resgata saberes.

Sustentabilidade, no fundo, é sobre saber reconhecer o que precisa morrer e o que precisa florescer.

É um caminho de retorno à vida.

À nossa natureza.

À nossa potência de imaginar – e construir – um outro mundo.

O que significa regenerar?

Regenerar não é só conservar. Não é só mitigar. Não é só reduzir impacto.

Regenerar é ativar a vida. É olhar para o sistema e se perguntar: *como posso nutrir o solo, a água, as relações, as cidades, as empresas, as comunidades? Como posso gerar abundância, saúde e bem-estar para mim, para o outro e para o planeta*?

Regenerar é a capacidade de restaurar, revitalizar e fortalecer sistemas naturais, sociais e econômicos que foram degradados ou desequilibrados.

Enquanto a sustentabilidade busca reduzir impactos negativos e manter o equilíbrio atual, a regeneração propõe ir além da conservação, promovendo ações que aumentem a vitalidade, a diversidade e a resiliência da vida em todas as suas formas.

Regenerar é devolver saúde ao solo, às águas, ao ar, às comunidades e às relações. É reconhecer os danos causados por modelos de produção, consumo e organização social. É agir intencionalmente para reparar, curar e transformar esses sistemas.

Na prática, regenerar significa, por exemplo:

- restaurar ecossistemas e proteger a biodiversidade;
- apoiar economias locais e formas de produção baseadas no cuidado;
- valorizar os saberes ancestrais e as práticas de convivência com os ciclos da natureza;
- reestruturar empresas, cidades e políticas públicas com base na interdependência e na justiça.

A regeneração é o próximo passo necessário depois que entendemos que sustentar um sistema insustentável não é suficiente.

É uma mudança de paradigma: do extrativismo para o cuidado; da escassez para a abundância; da fragmentação para a reconexão com a vida.

Mudança de paradigma

MODELO ATUAL	MODELO REGENERATIVO
Sustenta a escassez	Gera abundância
Preconiza o crescimento infinito	Preconiza o crescimento nos limites da vida
Coloca o lucro acima de tudo	Coloca a vida no centro das decisões
Repara danos	Gera vida, saúde e bem-estar
Favorece a desconexão	Reconhece a interdependência e promove o cuidado

CAMINHOS PARA A REGENERAÇÃO

- Colocar a vida – e não o lucro – no centro das decisões.
- Entender que regenerar não é só plantar árvores; é também restaurar relações, reparar danos, redistribuir poder, riqueza e acesso.
- Fortalecer os saberes ancestrais, os povos originários e as comunidades que sempre viveram em aliança com a Terra.
- Reconstruir negócios, políticas públicas, cidades e culturas não mais para sustentar o que está posto, mas para regenerar o que foi ferido.

#INSPIRAÇÃO

A câmera de Sebastião Salgado vai além da fotografia. Ela revela dores profundas da humanidade e, ao mesmo tempo, a beleza e a resistência do planeta. Depois de décadas registrando conflitos e crises sociais pelo mundo, Salgado voltou para sua terra natal, em Minas Gerais, e decidiu regenerar o que estava devastado. Junto de sua esposa Lélia, fundou o Instituto Terra, que já recuperou mais de 700 hectares de Mata Atlântica.

Sua história de transformação é contada no documentário *O sal da terra* – indicado ao Oscar 2015 –, uma obra sensível, poética e essencial.

#TRANSPIRAÇÃO

Quem planta o que você come?

Uma das formas mais poderosas de cuidar do planeta é cuidar da sua comida e de quem a produz. Que tal se comprometer a comprar alimentos direto de pequenos produtores ou de uma Comunidade que Sustenta a Agricultura (CSA)?

Procure uma CSA perto de você ou um grupo de produtores da sua região. Pergunte de onde vem a comida. Conheça quem planta. Combine uma entrega regular.

Uma possibilidade é assinar uma cesta orgânica semanal ou quinzenal; isso ajuda a fortalecer a agricultura familiar, incentiva práticas sustentáveis e ainda leva comida de verdade sem veneno para sua mesa.

Capítulo 11

Esperança é um ato de coragem

Neurociência, imaginação e os caminhos para voltar a sonhar

Chegar até aqui, neste ponto do livro, provavelmente o impactou de muitas formas. Talvez você tenha sentido indignação. Talvez tristeza, impotência ou até aquele nó na garganta que sentimos quando percebemos o tamanho do colapso em que estamos vivendo.

Tudo isso é real. É legítimo. É necessário. E a gente não pode negar. Precisamos lidar com todos os sentimentos que fatos como os que apresentamos geram em nós. Inclusive isso é fundamental para seguirmos em frente de forma lúcida e saudável.

Mas tem uma coisa que é ainda mais necessária: *não podemos paralisar*.

Porque se a crise é real – e ela é –, a possibilidade de regenerar também é.

E aqui entra uma verdade simples, mas profundamente revolucionária: precisamos acreditar que um outro futuro é possível. Porque o futuro não está dado, ele se define a cada ato, a cada gesto, e começa em cada pensamento.

A neurociência do desespero (e da regeneração)

Quando recebemos, todos os dias, informações sobre desmatamento, enchentes, fome, incêndios, crise climática, violência e colapso, nosso cérebro faz o que foi projetado para fazer: *ativa o modo sobrevivência*.

Ele entra no que os cientistas chamam de modo de luta ou fuga ou em paralisação. Ou seja, nos preparamos bioquimicamente para lutar ou fugir, o que significa produzir substâncias associadas ao estresse, ou simplesmente ficamos paralisados – não fisicamente, mas psiquicamente – em relação àquilo que não queremos ou não temos estrutura para enfrentar.

Nesse modo sobrevivência o cérebro *fecha as portas da criatividade, da empatia e da imaginação*. Ele não quer buscar soluções, ele quer nos proteger. O problema é que, num mundo que precisa de soluções profundas, ficar em modo sobrevivência coletivo é *exatamente o que mantém o colapso*.

Consumir tantas notícias de violência, desastres e afins reforça esse lugar do medo e da paralisação. E libera no nosso sistema todas as toxinas relacionadas ao estresse. Claro, essas toxinas são importantes para momentos extremos: se precisamos fugir de um leão ou de um urso, uma injeção de adrenalina no corpo faz com que corramos mais rápido. Mas esse mecanismo, que deveria ser acionado de vez em quando, tornou-se parte do nosso *modus operandi*, da nossa forma diária de agir.

Por isso fica aqui um convite para um experimento: deixe de assistir ou acessar notícias de qualquer tipo durante sete dias. Em vez de pensar "*Mas como eu saberei o que está acontecendo no mundo? Preciso saber de tudo*", fique tranquilo: se algo muito relevante acontecer, você vai saber. O benefício de não saber daquilo que não é extremamente relevante, mas que ocupa espaço na nossa mente e acaba gerando mais medo, é gigantesco: acalma o sistema, possibilita novas conexões neurais e ideias e relaxa o corpo para que ele possa começar a se autorregular novamente.

O que a gente precisa desbloquear? A nossa capacidade de sonhar e imaginar.

Porque não dá para criar um mundo novo se a gente não consegue nem imaginar que ele é possível. Tudo o que existe hoje foi um dia imaginado por alguém. Da roda, que mudou a organização das sociedades, ao celular, que faz nossa comunicação planetária possível. A imaginação é o berço da realidade. E se só alimentamos nosso repertório simbólico com desastres e o fim do mundo, não sobra espaço nem capacidade para criar. Aqui a gente lembra aquela frase que você com certeza já ouviu por aí (atribuída a Albert Einstein, embora ninguém saiba se realmente é dele, mas isso não é o que importa agora): "Não se resolve um problema com a mesma mentalidade que o criou".

A regeneração passa por aí. Por acreditar na capacidade da vida de gerar mais vida. E na nossa capacidade de imaginar que isso é possível.

O que move as pessoas é o sonho, o desejo, a vontade de pertencer a determinada realidade e a capacidade de imaginar que ela é possível.

Ninguém deseja viver em um mundo árido e desertificado. Metafórica ou realmente. Precisamos desejar e imaginar outros futuros e, para isso, vamos ter que resgatar essas habilidades adormecidas.

Por isso, regenerar começa *dentro de nós*. Começa reconfigurando o cérebro, a percepção, o olhar. Começa criando espaço para a esperança, não como fuga, mas como força mobilizadora.

DADOS QUE CURAM (E LIBERTAM)

- Estudos em neurociência mostram que práticas como imaginação ativa, visualização, conexão com a natureza e pequenos atos de regeneração *reduzem a ansiedade, aumentam a resiliência e desbloqueiam a criatividade*.[1]

[1] Agnati *et al.*, 2013.

- Pesquisas em psicologia do clima indicam que, quando as pessoas participam de soluções – mesmo locais e pequenas –, *o sentimento de esperança cresce e o medo diminui*.[2]

Esperança ativa: o antídoto do colapso

A esperança de que falamos aqui não é de "esperar". Não é de sentar e torcer.

É fazer. É criar. É imaginar. É regenerar.

E, para isso, apresentamos o conceito de *esperança ativa*, cunhado por Joanna Macy, uma das ativistas que melhor fala sobre esse momento que estamos vivendo, chamado por ela de possibilidade da Grande Virada. Macy é autora, professora, estudiosa do budismo, do pensamento sistêmico e da ecologia profunda; uma voz respeitada nos movimentos por paz, justiça e ecologia, que entrelaça sua pesquisa acadêmica com os aprendizados de mais de seis décadas de ativismo.

Esperança ativa é o nome que ela dá a uma forma de esperança que não depende de previsões otimistas para o futuro, mas, sim, de nos engajarmos com coragem e

[2] Ogunbode *et al.*, 2022.

propósito naquilo que queremos ver florescer no mundo. Diferentemente da esperança passiva, que espera que algo externo mude, a esperança ativa parte do princípio de que somos coautores do futuro e de que nossas ações, por menores que pareçam, fazem parte de um movimento maior de regeneração. Trata-se de uma escolha consciente de seguir cultivando vida, mesmo diante da crise ecológica, social e espiritual que enfrentamos.

Essa esperança nasce do enfrentamento lúcido da realidade, e não da negação dela. Macy propõe que, em vez de paralisarmos diante do medo, do colapso ou do luto planetário, possamos transformar essas emoções em combustível para a ação. Ela chama esse processo de *trabalho que reconecta*: um caminho de reconexão com a Terra, com os outros e com nós mesmos, que nos devolve a sensação de pertencimento e de agência. Esperança ativa, portanto, é um compromisso prático e espiritual com o mundo que queremos regenerar, mesmo sem garantias de sucesso, mas com a certeza de que vale a pena.

O que destruiu o mundo até aqui não foi só petróleo, plástico ou carbono. Foi a crença de que estamos apartados da vida. Foi a ilusão da escassez, da desconexão, da competição.

Regenerar não é só sobre ecologia. É sobre espiritualidade, cultura, educação, economia, vínculos, corpo, cidade, comida, arte, tempo.

Esperança é um ato radical.

Acreditar na possibilidade da vida – no meio do colapso – é, sim, um *ato de resistência*.

E mais do que isso: é a primeira condição para que a vida aconteça.

ESPERANÇA COMO PRÁTICA DIÁRIA

- O cérebro precisa de experiências para acreditar em novos futuros.
- Cada vez que você planta uma semente, inicia uma composteira, muda um hábito, conversa sobre regeneração, *você reforça, biologicamente, a possibilidade de futuro*. Isso é neuroplasticidade a serviço da vida.

#INSPIRAÇÃO

E se a transformação começasse pelos sonhos?

No livro *Sonho manifesto: dez exercícios urgentes de otimismo apocalíptico* (Companhia das Letras, 2022), o neurocientista Sidarta Ribeiro fala sobre a importância do sono como pilar da saúde, da criatividade e até da sustentabilidade. Ele propõe um novo pacto com o tempo: um tempo mais desacelerado, mais conectado com os ritmos da natureza e com a nossa própria escuta interna.

Dormir bem, sonhar e descansar também são formas de resistência em um mundo acelerado demais. Um manifesto pelo cuidado com o corpo, com a mente e com o planeta. Uma leitura para quem quer despertar de verdade.

#TRANSPIRAÇÃO

Resgatar o sonho também é um ato de resistência

Que tal criar o hábito de escutar o que você sonha? Os sonhos são janelas para dentro, mapas criativos, avisos do inconsciente e uma das formas mais potentes de se reconectar com a intuição, a imaginação e o propósito.

O convite aqui é simples (e poderoso): ao acordar, escreva três folhas A4 à mão, todos os dias, durante dois meses. Não pense demais. Não releia. Apenas escreva o que vier à mente: fragmentos dos sonhos, sensações, ideias soltas, desejos, angústias, nada ou tudo.

Esse exercício é conhecido como *páginas matinais* e tem o poder de desbloquear a criatividade, reorganizar a mente e abrir espaço para o novo.

Regra de ouro: *não leia nada antes do tempo.* Só ao final dos dois meses, aí, sim, mergulhe no que escreveu e se surpreenda com o que você pode descobrir sobre si e sobre o mundo.

Sonhar (e escrever o sonho) é também começar a construir o mundo que ainda não existe.

PARA QUEM QUER IR ALÉM

- Construa futuros com as mãos: plante, cozinhe, conserte, cuide.
- Cerque-se de referências que alimentam o imaginário regenerativo: livros, filmes, arte, natureza, conversas. Pare de consumir aquilo que aumenta o imaginário do medo.
- Crie e fortaleça redes: ninguém regenera sozinho.
- Pratique a presença: no corpo, na respiração, no aqui e agora.
- Escolha narrativas que o fortaleçam – sem negar a realidade, mas também sem alimentar só o medo.
- Lembre-se de que cada pequena ação tem efeito: *a sua vida é uma mensagem para o mundo.*

Capítulo 12

Você é o começo de um novo mundo

O mundo que a gente quer não vai brotar por decreto.

Não vai ser entregue por uma empresa.

Não vai cair do céu.

Ele nasce no gesto. No afeto. No cuidado. Na presença. Na escolha. Na coragem.

Ele nasce no lixo a menos de hoje.

E no lixo a menos de amanhã.

E no lixo a menos simbólico, estrutural, cultural que você escolhe não mais carregar.

Ele nasce da sua capacidade de imaginar futuros diferentes e possíveis e de agir rumo a eles.

Ele nasce no pequeno, na sua casa, na sua vida, na sua rua.

Ele nasce quando você muda a sua lente e passa a se ver como parte da solução, do coletivo, da natureza.

Ele nasce não de pessoas perfeitas, mas de quem tem coragem de fazer diferente, sabendo que vai errar e que muitas vezes a perfeição será inalcançável.

Ele nasce quando achamos nossa tribo; e, se não a acharmos, a criamos.

O mundo novo não está lá fora.

O mundo novo começa em você.

Agora.

A gente só agradece por você escolher fazer parte disso.

Por escolher ser ponte, não muro.

Por escolher gerar vida, e não mais lixo.

Vamos regenerar, viver, criar?

Porque, no fim das contas, você é – sempre foi – o começo de um novo mundo.

Desafio dos 21 dias

Vinte e um dias. Uma escolha por dia. Menos lixo. Mais vida.

A virada de chave da Fe começou quando ela se desafiou a não usar mais copos descartáveis. Colocar essa intenção e ver esse ato como um desafio, como um jogo, como algo que a tirava do seu lugar de conforto foi maravilhoso. Cada vez que ela conseguia dizer não ao plástico, acendia uma faísca que ia crescendo, e crescia junto aquela sensação boa de estar contribuindo para o todo, para o coletivo, para aquele oceano que a fazia querer ser ecologista quando pequena. Quando fazemos algo de que nos orgulhamos, nos sentimos bem, e isso dá ânimo para continuar.

Então eis aqui a nossa proposta: 21 dias para fazer 21 pequenos gestos que, juntos, farão uma grande mudança em você. Marque cada item à medida que os cumprir.

DIA	DESAFIO	
1	**Recuse um descartável.** Pode ser copo, canudo, sacola, guardanapo.	◯
2	**Compre a granel ou sem embalagem.** Vale em feira, sacolão, mercado local.	◯
3	**Dê um fim digno para seu lixo orgânico.** Comece (ou busque) uma composteira perto de você.	◯
4	**Desapegue de cinco coisas.** Doe, conserte, repasse, recicle.	◯
5	**Recuse lixo digital.** Desinscreva-se de e-mails, apague fotos inúteis, limpe pastas.	◯
6	**Faça uma refeição sem lixo.** Sem embalagem, sem delivery, sem plástico.	◯
7	**Apoie um negócio local, regenerativo ou circular.** Pode ser feira, brechó, pequeno produtor.	◯
8	**Conserte algo.** Uma roupa, um eletro, uma panela. Lixo evitado, recurso salvo.	◯
9	**Diga não a um brinde inútil** (ou a um "é de graça" que vira tralha).	◯
10	**Caminhe, pedale ou use transporte coletivo**: Um lixo invisível a menos: menos emissão.	◯
11	**Faça um detox de lixo emocional.** Pode ser um pensamento, uma crítica, uma autocobrança que você escolhe não carregar.	◯
12	**Visite seu lixo.** Abra seu saco de lixo e olhe: o que você mais gera? O que dá para reduzir?	◯

DIA	DESAFIO
13	**Crie um kit lixo zero**. Copo, talher, canudo, guardanapo. Monte e leve com você.
14	**Plante algo**. Uma horta, uma semente. A regeneração começa aqui.
15	**Compartilhe**. Um livro, uma receita, uma roupa, uma história. Menos consumo, mais conexão.
16	**Reveja uma compra**. Antes de comprar, pergunte: "Preciso? Isso me nutre? Vai durar?".
17	**Reflita sobre seu dinheiro**. Em que você o coloca? Que mundo ele está financiando?
18	**Transforme lixo em recurso**. Faça um *upcycling*, um reaproveitamento, uma reinvenção.
19	**Pratique a presença**. Faça uma atividade estando 100% presente: cozinhar, caminhar, limpar, plantar. Sem telas, sem distrações.
20	**Apoie um movimento, coletivo ou ONG**. Tempo, dinheiro, voz... tudo conta.
21	**Escolha seu legado**. Escreva ou reflita: "Que rastro eu quero deixar no mundo?".

Quer deixar esse desafio ainda mais divertido? Crie um grupo com amigos, vizinhos, colegas de trabalho ou família para fazerem juntos. Esse pode ser o ponto de partida para abordar esse assunto com quem você se relaciona e que não entendeu ainda o poder do coletivo ou a necessidade da mudança.

Compartilhe também nas redes – e se fizer isso vamos ficar muito felizes se marcar a @fecortez e a @menos1lixo. Assim a gente amplia essa rede de pessoas inspiradoras que podem motivar ainda mais gente. A mudança é muito mais divertida quando é coletiva.

Lembre-se: esse desafio não é sobre perfeição. É sobre prática, consciência, regeneração e diversão.

Cada escolha importa.

Cada lixo a menos é vida a mais.

Referências

AGÊNCIA SENADO. Na data-limite para fim de lixões, destino de resíduos ainda desafia municípios. **Senado Notícias**, 2 ago. 2024. Disponível em: https://www12.senado.leg.br/noticias/materias/2024/08/02/na-data-limite-para-fim-de-lixoes-destino-dos-residuos-ainda-desafia-municipios. Acesso em: 29 ago. 2025.

AGNATI, Luigi F. *et al.* The neurobiology of imagination: possible role of interaction-dominant dynamics and default mode network. **Frontiers in Psychology**, v. 4, p. 296, 2013. Disponível em: https://www.ncbi.nlm.nih.gov/pmc/articles/PMC3662866/. Acesso em: 14 abr. 2025.

AGRICULTURA e usos do solo representam 23% das emissões de gases do efeito estufa, diz ONU. **Nações Unidas Brasil**, 2024. Disponível em: https://brasil.un.org/pt-br/83925-agricultura-e-usos-do-solo-representam-23-das-emissoes-de-gases-do-efeito-estufa-diz-onu. Acesso em: 17 jul. 2025.

ALBUQUERQUE, Flávia. Serasa: número de pessoas endividadas no país chega a 73 milhões. **Agência Brasil**, 6 dez. 2024. Disponível em: https://agenciabrasil.ebc.com.br/economia/noticia/2024-12/serasa-numero-de-pessoas-endividadas-no-pais-chega-a-73-milhoes. Acesso em: 25 jul. 2025.

ASSOCIAÇÃO BRASILEIRA DE EMPRESAS DE LIMPEZA PÚBLICA E RESÍDUOS ESPECIAIS (Abrelpe). **Panorama dos resíduos sólidos no Brasil 2018/2019**. São Paulo: Abrelpe, 2018.

ASSOCIAÇÃO BRASILEIRA DE EMPRESAS DE LIMPEZA PÚBLICA E RESÍDUOS ESPECIAIS (Abrelpe). **Panorama dos resíduos sólidos no Brasil 2022**. São Paulo: Abrelpe, 2022. Disponível em: https://www.abrema.org.br/panorama/. Acesso em: 17 jul. 2025.

ASSOCIAÇÃO BRASILEIRA DE RESÍDUOS E MEIO AMBIENTE (Abrema). **Panorama dos resíduos sólidos no Brasil 2024**. São Paulo: Abrema, 2024. Disponível em: https://www.abrema.org.br/panorama/. Acesso em: 17 jul. 2025.

BIBLIOTECA de objetos. 2016. 2 min. Publicado no canal Menos 1 Lixo. Disponível em: https://www.youtube.com/watch?v=tP12KoW1CEE. Acesso em: 29 jul. 2025.

BRASIL. [Constituição (1988)]. **Constituição da República Federativa do Brasil de 1988**. Brasília, DF: Presidência da República, [2023]. Disponível em: https://www.planalto.gov.br/ccivil_03/constituicao/constituicao.htm. Acesso em: 29 ago. 2025.

BRASIL. Lei nº 12.305, de 2 de agosto de 2010. Institui a Política Nacional de Resíduos Sólidos; altera a Lei nº 9.605, de 12 de fevereiro de 1998; e dá outras providências. **Diário Oficial da União**: seção 1, Brasília, DF, n. 147, p. 3, 3 ago. 2010.

BRITO, Leticia; GERAQUE, Eduardo; RAJÃO, Guilherme. Catadores são parte fundamental para a reciclagem, dizem especialistas. **CNN Brasil**, 6 set. 2024. Disponível em: https://www.cnnbrasil.com.br/nacional/catadores-sao-parte-fundamental-para-a-reciclagem-dizem-especialistas/. Acesso em: 17 jul. 2025.

CENTER FOR INTERNATIONAL ENVIRONMENTAL LAW (CIEL). Fossils, plastics & petrochemical feedstocks. **Fueling Plastics**, 2017. Disponível em: https://www.ciel.org/wp-content/uploads/2017/09/Fueling-Plastics-Fossils-Plastics-Petrochemical-Feedstocks.pdf. Acesso em: 25 jul. 2025.

COMO FAZER uma composteira doméstica . 2019. 4 min. Publicado no canal Menos 1 Lixo. Disponível em: https://www.youtube.com/watch?v=URI6evoQ-NM. Acesso em: 26 jul. 2025.

CORTEZ, Fe. **Homo integralis**: uma nova história possível. São Paulo: Leya, 2021.

COSTA, Amanda. Precisamos falar sobre o Racismo Ambiental. 2022. 13 min. Publicado no canal TEDx Talks. Disponível em: https://www.youtube.com/watch?v=3aEFKgGML-o. Acesso em: 28 jul. 2025.

COX, Leah. 2024 Global fashion market data report. **Made-in-China Insights**, 20 jul. 2024. Disponível em: https://insights.made-in-china.com/pt/2024-Global-Fashion-Market-Data-Report_RTftghobsEIZ.html. Acesso em: 20 jul. 2025.

DESASTRES climáticos aumentaram 250% nos últimos quatro anos no país. **CNN Brasil**, 13 jul. 2023. Disponível em: https://www.cnnbrasil.com.br/nacional/desastres-climaticos-aumentaram-250-nos-ultimos-quatro-anos-no-pais/. Acesso em: 27 jul. 2025.

DIA NACIONAL de luta dos catadores de materiais recicláveis: relatório traça diagnóstico das famílias que trabalham com a coleta. **Defensoria Pública da União**, [7 jun. 2024]. Disponível em: https://direitoshumanos.dpu.def.br/dia-nacional-de-luta-dos-catadores-de-materiais-reciclaveis-relatorio-traca-diagnostico-das-familias-que-trabalham-com-a-coleta/. Acesso em: 29 ago. 2025.

EUROPEAN CENTRE FOR MEDIUM-RANGE WEATHER FORECASTS (ECMWF). **Global Climate Highlights 2024**. Reading, UK: Copernicus Climate Change Service (C3S), 2025.

FARIA, Luciano Costa de. Menos de 20% das empresas listadas na B3 possuem metas claras ambientais. **Valor Investe**, 20 maio 2021. Disponível em: https://valorinveste.globo.com/mercados/renda-variavel/empresas/noticia/2021/05/20/menos-de-20percent-das-empresas-listadas-na-b3-possuem-metas-claras-ambientais.ghtml. Acesso em: 27 jul. 2025.

FERREIRA, Adriana C. Xavier Deiga; SILVA, Ronalda Barreto; SILVA, Roberto Marinho Alves da. Mulheres catadoras de materiais recicláveis: condições de vida, trabalho e estratégias organizativas no Brasil. **Mercado de Trabalho: Conjuntura e Análise**, Brasília, v. 29, n. 75, p. 205-218, abr. 2023. Disponível em: https://repositorio.ipea.gov.br/handle/11058/12052. Acesso em: 29 ago. 2025.

FREITAS, Fernando Garcia de; MAGNABOSCO, Ana Lelia. **A vida sem saneamento**: para quem falta e onde mora essa população? São Paulo: Instituto Trata Brasil, 2023. Disponível em: https://www.tratabrasil.org.br/a-vida-sem-saneamento. Acesso em: 27 jul. 2025.

FUNDO DAS NAÇÕES UNIDAS PARA A INFÂNCIA (Unicef). **The climate crisis is a child rights crisis**: introducing the children's climate risk index. New York: Unicef, 2021. Disponível em: https://www.unicef.org/reports/climate-crisis-child-rights-crisis. Acesso em: 27 jul. 2025.

GONÇALVES-DIAS, Sylmara Lopes Francelino *et al*. **Single-use plastic in Brazil**: policies and laws. São Paulo: Universidade de São Paulo: Escola de Artes, Ciências e Humanidades, 2023. (Noss Repensando o Plástico).

HEEDE, Richard; LAYKE, Christian; EKWURZEL, Brenda. **Carbon Majors Report 2017**. London: Carbon Disclosure Project, 2018.

HICKMAN, Caroline *et al*. Climate anxiety in children and young people and their beliefs about government responses to climate change: a global survey. **The Lancet Planetary Health**, v. 5, n. 12, e863-e873, 2021. Disponível em: https://www.thelancet.com/action/showPdf?pii=S2542-5196%2821%2900278-3. Acesso em: 28 jul. 2025.

HOORNWEG, Daniel; BHADA-TATA, Perinaz. **What a waste**: a global review of solid waste management. Washington, DC: World Bank, 2012.

INSTITUTO BRASILEIRO DE GEOGRAFIA E ESTATÍSTICA (IBGE). **Munic**: pesquisa de informações básicas municipais. Rio de Janeiro: IBGE, 2024.

INSTITUTO BRASILEIRO DE GEOGRAFIA E ESTATÍSTICA (IBGE). PIB cresce 3,4% em 2024 e fecha o ano em R$ 11,7 trilhões. **Agência de Notícias IBGE**, 7 mar. 2025. Disponível em: https://agenciadenoticias.ibge.gov.br/agencia-sala-de-imprensa/2013-agencia-de-noticias/releases/42774-pib-cresce-3-4-em-2024-e-fecha-o-ano-em-r-11-7-trilhoes. Acesso em: 27 jul. 2025.

INTERGOVERNMENTAL PANEL ON CLIMATE CHANGE. **Climate change and land**: an IPCC special report on climate change, desertification, land degradation, sustainable land management, food security, and greenhouse gas fluxes in terrestrial ecosystems . Geneva: IPCC, 2024. Disponível em: https://www.ipcc.ch/srccl/. Acesso em: 11 ago. 2025.

JAMBECK, Jena. A mulher que descobriu quanto plástico já se produziu no mundo. **Extra Mares Limpos**, n. 1, 14 jun. 2018. [Entrevista cedida a] Menos 1 Lixo. Publicado no canal Menos 1 Lixo. Disponível em: https://www.youtube.com/watch?v=iLIxUXeF-aI. Acesso em: 27 jul. 2025.

KEEPING clothing in use to reduce waste: thredUP. **Ellen Macarthur Foundation**, 2025. Disponível em: https://www.ellenmacarthurfoundation.org/circular-examples/keeping-clothing-in-use-to-save-us-money-and-reduce-waste-thredup. Acesso em: 20 jul. 2025.

LEITE, Tati. 99% + 1%: o próximo passo da revolução colaborativa. 2012. 18 min. Publicado no canal TEDx Talks. Disponível em: https://www.youtube.com/watch?v=r-2yzQZitSM. Acesso em: 28 jul. 2025.

LIXO. *In*: HOUAISS, Antonio; VILLAR, Mauro; FRANCO, Francisco Manoel de Mello. **Dicionário Houaiss da Língua Portuguesa**. 2025. Versão digital atualizada. Disponível em: https://www.houaiss.net/. Acesso em: 8 set. 2025.

MENA, Fernanda. 1 em cada 3 brasileiros que diz ter coleta seletiva não separa o lixo, aponta Datafolha. **Folha de S.Paulo**, 3 jun. 2024. Disponível em: https://www1.folha.uol.com.br/ambiente/2024/06/1-em-cada-3-brasileiros-que-diz-ter-coleta-seletiva-nao-separa-o-lixo-aponta-datafolha.shtml. Acesso em: 27 jul. 2025.

MOORE, Charles; PHILLIPS, Cassandra. **Plastic ocean**: how a sea captain's chance discovery launched a determined quest to save the oceans. New York: Avery, 2011.

MUDANÇA climática afeta decisão de jovens brasileiros sobre ter filho, diz pesquisa internacional. **BBC News Brasil**, 14 set. 2021. Disponível em: https://www.bbc.com/portuguese/geral-58553995. Acesso em: 12 set. 2025.

MULTINACIONAL vai coletar e reciclar fraldas descartáveis. **Recicla Sampa**, 14 dez. 2022. Disponível em: https://www.reciclasampa.com.br/artigo/multinacional-vai-coletar-e-reciclar-fraldas-descartaveis. Acesso em: 27 jul. 2025.

NORONHA PLÁSTICO ZERO. 2020. Disponível em: https://www.menos1lixo.com.br/posts/noronha-plastico-zero. Acesso em: 28 ago. 2025.

OBSERVATÓRIO DO CLIMA. **Seeg 10**: análise das emissões de gases de efeito estufa e suas implicações para as metas climáticas do Brasil. São Paulo: Observatório do Clima, 2023. Disponível em: https://www.oc.eco.br/wp-content/uploads/2023/03/SEEG-10-anos-v4.pdf. Acesso em: 25 jul. 2025.

O DESAFIO armário cápsula. 2018. 30 min. Publicado no canal Menos 1 Lixo. Disponível em: https://www.youtube.com/watch?v=w3K4se7geKI. Acesso em: 27 jul. 2025.

OGUNBODE, Charles A. *et al.* Climate anxiety, wellbeing and pro-environmental action: correlates of negative emotional responses to climate change in 32 countries. **Journal of Environmental Psychology**, v. 84, dez. 2022. Disponível em: https://www.sciencedirect.com/science/article/pii/S0272494422001323?via%3Dihub. Acesso em: 12 set. 2025.

O HOMEM que descobriu uma ilha de lixo no mar. 2025. Publicado pelo canal Menos 1 Lixo. Disponível em: https://www.menos1lixo.com.br/posts/o-homem-que-descobriu-uma-ilha-de-lixo-no-mar. Acesso em: 25 jul. 2025.

ORGANIZAÇÃO DAS NAÇÕES UNIDAS PARA A EDUCAÇÃO, A CIÊNCIA E A CULTURA (Unesco). **Educação para o desenvolvimento sustentável**: um roteiro. Paris: Unesco, 2021. Disponível em: https://unesdoc.unesco.org/ark:/48223/pf0000374802_por. Acesso em: 27 jul. 2025.

O SAL da terra. Direção: Wim Wender e Juliano Salgado. [*S. l.*]: Amazonas Images; Decia Films; 2014.

OXFAM. Igualdade climática: um planeta para os 99%. **Oxfam**, [202-]. Disponível em: https://www.oxfam.org.br/justica-climatica-e-amazonia/igualdade-climatica-um-planeta-para-os-99/. Acesso em: 27 jul. 2025.

PARE de chupar. 2018. 3 min. Publicado no canal Menos 1 Lixo. Disponível em: https://www.youtube.com/watch?v=RcHi9_OOZAo. Acesso em: 25 jul. 2025

PAÚL, Fernanda. 'Lixo do mundo': o gigantesco cemitério de roupa usada no deserto do Atacama. **BBC News Brasil**, 26 jan. 2022. Disponível em: https://www.bbc.com/portuguese/internacional-60144656. Acesso em: 27 jul. 2025.

PROGRAMA DAS NAÇÕES UNIDAS PARA O MEIO AMBIENTE (Pnuma). **Relatório do índice de desperdício de alimentos Pnuma 2024**. Nairóbi: Pnuma, 2024.

PROJECT 333. **Be More With Less**, 2024. Disponível em: https://bemorewithless.com/project-333/. Acesso em: 25 jul. 2025.

RAINFOREST ACTION NETWORK. **Annual Report 2023**. San Francisco: Rainforest Action Network, 2023. Disponível em: https://www.ran.org/wp-content/uploads/2023/11/RAN_AR_2023-1.pdf. Acesso em: 27 jul. 2025.

REPRISK. **A turning tide in greenwashing?** Exploring the first decline in six years. Zurich: RepRisk, 2024. Disponível em: https://www.reprisk.com/insights/reports/a-turning-tide-in-greenwashing-exploring-the-first-decline-in-six-years. Acesso em: 27 jul. 2025.

REPRISK. **Sustainability Report 2022**. Zurich: RepRisk, 2023.

REVOLUÇÃO dos baldinhos. 2017. 10 min. Publicado no canal TV UFSC. Disponível em: https://www.youtube.com/watch?v=cjEF0LUWXiE. Acesso em: 26 jul. 2025.

RITCHIE, Hannah; ROSADO, Pablo; ROSER, Max. Natural disasters. **Our World in Data**, 2024. Disponível em: https://ourworldindata.org/natural

-disasters#link-between-poverty-and-deaths-from-natural-disasters. Acesso em: 27 jul. 2025.

SALDANHA, Diego. O vendedor de frutas que decidiu limpar o lixo de um rio. **Extra Mares Limpos**, n. 6. 2018. 11 min. Publicado pelo canal Menos 1 Lixo. Disponível em: https://www.youtube.com/watch?v=5qGtggPCdbQ. Acesso em: 25 jul. 2025.

SÃO PAULO. SP Regula. Coleta domiciliar comum. **Prefeitura de São Paulo**, 10 jan. 2024. Disponível em: https://prefeitura.sp.gov.br/web/spregula/w/residuos_solidos/residuos_solidos/domiciliar/4636. Acesso em: 28 jul. 2025.

SEMLER, Ricardo. Sabedoria radical para uma empresa, uma escola, uma vida. 2015. 22 min. Publicado no canal TED. Disponível em: https://www.youtube.com/watch?v=k4vzhweOefs. Acesso em: 28 jul. 2025.

SILVA, Nayra Teles da. 10 iniciativas de crianças e adolescentes que protegem o meio ambiente. **Criativos da Escola - Design for Change**, 23 set. 2022. Disponível em: https://criativosdaescola.com.br/10-iniciativas-de-criancas-e-adolescentes-que-protegem-o-meio-ambiente/. Acesso em: 28 jul. 2025.

SINGER, Lauren. Por que vivo uma vida sem desperdício. 2015. 13 min. Publicado pelo canal TEDx Talks. Disponível em: https://www.youtube.com/watch?v=pF72px2R3Hg. Acesso em: 25 jul. 2025.

STOLER, Diane R. The many mental benefits of decluttering. **Psychology Today**, 15 fev. 2023. Disponível em: https://www.psychologytoday.com/us/blog/the-resilient-brain/202302/the-many-mental-benefits-of-decluttering. Acesso em: 11 set. 2025.

SURUÍ, Txai. "Devemos estar nos centros das decisões", diz Txai Suruí na COP26. 2021. 2 min. Publicado no canal Amazônia Real. Disponível em: https://www.youtube.com/watch?v=1gnUH7HNBAU. Acesso em: 28 jul. 2025.

THIERY, Wim *et al*. Intergenerational inequities in exposure to climate extremes. **Science**, v. 374, n. 6564, p. 158-160, 2021. Disponível em: https://doi.org/10.1126/science.abi7339. Acesso em: 278 jul. 2025.

TRASHED: para onde vai nosso lixo. Direção: Candida Brady. Intérprete: Jeremy Irons. Roteiro: Candida Brady. Londres: Blenheim Films, 2012. 1 filme (97 min), son., color, suporte digital.

TRIO DE LIMPEZA – Dicas da Fe Cortez. 2017. 6 min. Publicado no canal Menos 1 Lixo. Disponível em: https://www.youtube.com/watch?v=VadXEMBIELA. Acesso em: 3 set. 2025.

UNITED STATES. Environmental Protection Agency (EPA). **Supply Chain Guidance**, 2025. Disponível em: https://www.epa.gov/climateleadership/supply-chain-guidance. Acesso em: 27 jul. 2025.

VITALI, Stefania; GLATTFELDER, James B.; BATTISTON, Stefano. The network of global corporate control. **PLOS ONE**, v. 6, n. 10, 2011. Disponível em: https://journals.plos.org/plosone/article?id=10.1371/journal.pone.0025995. Acesso em: 27 jul. 2025.

WOENSEL, Lieve van; LIPP, Sara Suna. What if fashion were good for the planet? **Scientific Foresight Unit** (Stoa), PE 656.296, set. 2020.

WWF BRASIL. **Maré subindo III**: cidadãos de todo o mundo exigem regras fortes para acabar com a poluição plástica. Brasília, DF: WWF Brasil: Plastic Free Foundation, 2024. Disponível em: https://wwfbrnew.awsassets.panda.org/downloads/wwf_mare-subindo-iii-cidadaos-de-todo-o-mundo-exigem-regras-fortes-para-acabar-com-a-.pdf. Acesso em: 17 jul. 2025.